BEI GRIN MACHT SICH IHR WISSEN BEZAHLT

- Wir veröffentlichen Ihre Hausarbeit,
  Bachelor- und Masterarbeit

- Ihr eigenes eBook und Buch -
  weltweit in allen wichtigen Shops

- Verdienen Sie an jedem Verkauf

Jetzt bei www.GRIN.com hochladen
und kostenlos publizieren

Sven-David Müller

Ernährung und Diät bei chronisch entzündlichen Darmerkrankungen (Morbus Crohn oder Colitis ulcerosa)

GRIN Verlag

Bibliografische Information der Deutschen Nationalbibliothek:

Die Deutsche Bibliothek verzeichnet diese Publikation in der Deutschen National-
bibliografie; detaillierte bibliografische Daten sind im Internet über http://dnb.d-
nb.de/ abrufbar.

Impressum:

Copyright © 2012 GRIN Verlag GmbH
Druck und Bindung: Books on Demand GmbH, Norderstedt Germany
ISBN: 978-3-656-28949-4

Dieses Buch bei GRIN:

http://www.grin.com/de/e-book/202970/ernaehrung-und-diaet-bei-chronisch-ent-
zuendlichen-darmerkrankungen-morbus

Ernährungstherapie bei chronisch entzündlichen Darmerkrankungen - Diät bei Morbus Crohn und Colitis ulcerosa

Von Sven-David Müller, MSc.

Seit Jahrzehnten beschäftigen sich weltweit Wissenschaftler damit zu ergründen, wie eine chronisch entzündliche Darmerkrankung entsteht. In der letzten Zeit haben insbesondere die Bereiche Darmflora und Zusatzstoffe eine große Bedeutung in der Forschung. Eine Zwillingsstudie hat gezeigt, dass Zusatzstoffe, von denen es heutzutage in unseren Lebensmitteln nur so wimmelt, die Erkrankung mitauslösen und sie verschlimmern. Konservierungsstoff, Farbstoffe, Geschmacksverstärker und Co. Sind für unseren Körper neuartig und fremd. Im Laufe der Evolution kamen viele davon einfach im Ernährungsverhalten von Menschen nicht vor. Scheinbar reagiert das Immunsystem darauf. Es kommt nicht immer zu allergischen Erscheinungen, sondern vielmehr zu Unverträglichkeitsreaktionen. Durch die Überreaktion des Immunsystems kommt es zu Entzündungen in der Darmschleimhaut. Aus der Studie lässt sich ableiten, dass Menschen, die unter chronisch entzündlichen Darmerkrankungen leiden strikt auf Zusatzstoffe verzichten sollten. Glücklicherweise sind diese in Deutschland – wie auch in der gesamten EU – und den meisten Ländern weltweit auf der Packung von Lebensmitteln mit einer E-Nummer, der Substanzklasse und/oder der chemischen Bezeichnung vermerkt, so dass sich leicht ausmachen lässt, welche Lebensmittel geeignet sind und welche nicht. Zudem muß aber nicht nur über Lebensmittel und Speisen nachgedacht werden, sondern auch über Arzneimittel, denn auch die können Zusatzstoffe enthalten. Aber inzwischen gibt es auch Medikamente für Crohn- und Colitis-Patienten, die ohne Zusatzstoffe auskommen. In jedem Fall sollten die Medikamente frei von Farb- und Geschmacksstoffe sowie frei von Laktose (Milchzucker) sein.

Der Einkauf für Menschen mit chronisch entzündlichen Darmerkrankungen sollte Lebensmittel betreffen, die natürlich sind. Alle Fertigprodukte sollten gemieden werden. Der Pudding sollte also beispielsweise aus Milch, sofern diese verträglich ist, Speisestärke (beispielsweise Maisstärke) und Vanillemark sowie Zucker, Honig oder einem Dicksaft bestehen und selbstgekocht werden. Fertiges Puddingpulver sollte nicht verwendet werden, da es in der Regel naturidentische Aromastoffe und eine Vielzahl weitere Substanzen aus der Zusatzstoff-Industrie enthält. Und auch Süßstoffe sollten nicht verwendet werden. Das gleiche gilt auch für Zuckeraustauschstoffe (von Sorbit bis Fruchtzucker). Aber Zucker im Übermaß scheint sich ebenfalls nicht besonders gut auszuwirken. Insbesondere nicht bei Morbus Crohn. In jedem Falle sollten Menschen mit chronisch entzündlichen Darmerkrankungen möglichst auf reine Lebensmittel achten und diese dann selbst zubereiten. Fast Food, Fertiggerichte und Restaurantessen birgt immer die Gefahr von Zusatzstoffen.

Aber es sind natürlich nicht nur die Zusatzstoffe. Auch die Verarbeitung der Lebensmittelindustrie scheint sich bei Morbus Crohn und Colitis ulcerosa nicht gut auszurwirke. Das trifft insbesondere für die Ballaststoffarmut, den Zuckerreichtum und die vielen industriellen Fette (gehärtete Fett und Transfettsäuren) zu. Eine solche Ernährungsweise wird international in Studien als „western Diet", also westliche Ernährungsweise bezeichnet. Heute werden kaum noch Mahlzeiten ganz und gar selbst zubereitet. Hier ein Fertigmenue, dort ein Fruchtjoghurt, eine Fertigdressing für den Salat oder eine Würzmischung, ein Fleischsalat (mit Konservierungsstoffen) und so weiter. Überlegen Sie einmal kritisch, wie oft Sie Zusatzstoffe aufnehmen und in welcher Menge. Das kann Ihrem Darm nicht gut tun. Ohnehin ist Ihr Darm schon durch den Crohn oder die Colitis geschädigt. Eine Ursache dafür sind die Antworten unseres Körpers auf Zusatzstoffe.

Dazu noch die durchschnittliche Fehlernährung mit Fast Food und Co. Die Darmflora leidet und schon können viele Substanzen in den Körper eindringen. Wissenschaftler sprechen vom Leacky gut – also dem durchlässigen Darm. Eine ungesunde Darmflora ist dafür (mit)verantwortlich. Die Darmflora wird oftmals als der wichtigste Bestandteil des menschlichen Abwehrsystems bezeichnet. Andere sprechen sogar vom Gehirn im Darm. Das ist sicher übertrieben. Aber ich habe bei meinen Patienten in Aachen schon zu Probiotika geraten. Und auch heute empfehle ich in meiner Praxis die wichtigen Milchsäurebakterien, Kefirpilze oder andere probiotisch wirkende Mikroorganismen. Sie beugen dem Eindringen von Subtanzen in den Körper vor. Sie stärken die Abwehrkräfte auch im Kampf gegen Zusatzstoffe. Aber noch wichtiger ist es natürlich, erst gar keine davon aufzunehmen.

Dieses Buch gibt Ihnen vielfältige Informationen über aktuelle Erkenntnisse zur Ernährungstherapie bei Morbus Crohn und Colitis ulcerosa. Es kann und will die ärztliche Beratung und die Schulung und Information durch qualifizierte Ernährungsfachkräfte nicht ersetzen. Aber die hier gegebenen Details und Tipps können sie kongenial ergänzen.

Einführung: Chronisch entzündliche Darmerkrankungen aus diätetischer Sicht

Noch immer ist nicht geklärt, wie und warum eine chronisch entzündliche Darmerkrankung entsteht. Mit an Sicherheit handelt es sich aber bei Morbus Crohn und Colitis ulcerosa nicht um klassische ernährungsbedingte Erkrankungen. Aber sowohl in der Auslösung, im Verlauf und natürlich der Behandlung des akuten Entzündungsschubes ist die Ernährungstherapie von großer Bedeutung. Eine Zwillingsstudie hat jetzt aber neues Licht ins Dunkel gebracht und gezeigt, dass Zusatzstoffe eine Bedeutung in der Entstehung der Erkrankung und scheinbar auch in der Auslösung von akuten Entzündungsschüben haben.

Manifestationsbedingt kommt es bei Morbus Crohn häufiger zu Malnutrition (Mangelernährung) und Untergewicht als bei Colitis ulcerosa. Bei beiden Erkrankungen ist ein Zinkmangel sehr häufig. Insgesamt ist die Versorgung mit Mikronährstoffen (Vitaminen und Mineralstoffen) oftmals unzureichend und eine bessere Versorgung oder die Einnahme von entsprechenden Präparaten erforderlich. Natürlich sollten auch die klassischen Medikamente, bei Morbus Crohn und Colitis ulcerosa zur Behandlung des Entzündungsschubes gegeben werden und den symptomfreien Intervall möglichst lange erhalten frei oder arm an Zusatzstoffen sein. Das gleiche gilt für Nahrungsergänzungspräparate, Zusatznahrung oder sogenannte Astronautenkost.

CED-Patienten sollten einen normalen Ernährungszustand aufweisen und nicht untergewichtig sein. Sie brauchen mehr Eiweiß als Gesunde und sollten sich energiereich ernähren. Da die Unverträglichkeitsreaktionen bei den Patienten unterschiedlich sind, gibt es keine „CED-Diät", sondern individuelle Diäten. Jeder Patient braucht eine Kost, die er vertragen kann. Aber er braucht eine gut verträgliche „naturnahe" Kost ohne Zusatzstoffe und Industrienahrung. Dann drohen seltener Entzündungsschübe und Probleme können ausbleiben.

Die Gabe von Probionten (beispielsweise E.Coli, Laktobazillen oder Kefirpilze mit probiotischer Wirkung) scheint bei CED grundsätzlich sinnvoll. Der Verzehr von probiotikahaltigen Produkten (wie Joghurt, Kefir oder milchzuckerfreien Brottrunk) ebenfalls. Ob Omega-3-Fettsäuren (zu bevorzugen sind dabei Fischöl und Algenöl) einen Therapiebaustein bei Colitis ulcerose darstellen, ist noch nicht klar. Aber grundsätzlich haben Fischöle eine entzündungshemmende Wirkung. Im Rahmen einer zusatzstofffreien Ernährungsweise sollte Wildlachs, Makrele, Hering oder Tunfisch bevorzugt werden. Darin stecken auch die wertvollen Omega-3-Fettsäuren – aber keine Zusatzstoffe. Es gibt Hinweise, dass die Gabe von Lecithin sinnvoll ist. Viele Patienten leiden unter Milchzuckerunverträglichkeit (die Gabe von Laktase erleichtert dem Patienten die Diätetik) oder Milcheiweißallergie.

In der Ernährungstherapie muss zwischen symptomfreiem Intervall und akutem Entzündungsschub unterschieden werden. Im Entzündungsschub ist die Ernährung ein Therapiebaustein, der insbesondere zur mechanischen Entlastung des Magen-Darm-Traktes führen soll. Die enterale Ernährung ist der parenteralen Ernährung überlegen. Die enterale Ernährung sollte möglichst frei von Ballaststoffen sein. Im symptomfreien Intervall wirken sich gerade sogenannte Quellstoffe positiv aus. Bei Astronautenkost zur enteralen Ernährung sollte auf solche Produkte zurückgegriffen werden, die frei von Carrageen und anderen Zusatzstoffen wie Farb- und Aromastoffe sind. Optimal ist die neutrale Geschmacksrichtung. Parenterale Ernährung hat den Nachteil, dass sie leicht zur bakteriellen Translokation führt und die Darmschleimhaut durchlässig macht für Allergene oder Substanzen, die Unverträglichkeiten bis zum akuten Entzündungsschub auslösen. Natürlich sind dann Zusatzstoffe besonders gefährlich.

Die Ernährung außerhalb des entzündlichen Schubes sollte bedarfsgerecht sein und Speisen sowie Zubereitungen ausschließen, die Unverträglichkeiten hervorrufen. Da Unverträglichkeiten sehr individuell auftreten und niemand Ihnen sagen kann, was Sie wann vertragen, sollten Sie ein Ernährungs- und Beschwerdetagebuch führen. In diesem Buch habe ich für Sie aber auch eine Liste zusammengestellt, die Lebensmittel enthält, die bei vielen Patienten zur Unverträglichkeit führen. Diese sollten vorsichtshalber nach einem akuten Schub gemieden werden und erst nach und nach wieder in den Speiseplan einfließen. Die Führung eines Gewichts- und Stuhlprotokolls sowie eines Ernährungstagebuches ist grundsätzlich sinnvoll, denn sie erleichtert das Gespräch mit dem Arzt und dem Diätassistenten. Um den Ernährungszustand zu überwachen, sollte nicht nur das Körpergewicht, sondern auch die Körperzusammensetzung mit Hilfe einer bioelektrischen Impedanz Analyse (BIA) regelmäßig bestimmt werden. In meiner fast 25jährigen Praxis in der Diätberatung und Ernährungstherapie sind mir zwar tausende von Crohn- und Colitis-Patienten begegnet. Aber selten waren Übergewichtige darunter, auch wenn einige durch Wassereinlagerung – bedingt durch Cortisontherapie – so aussahen.

Wasserlösliche Ballaststoffe sind im symptomfreien Intervall als adjuvante Therapie anzusehen. Die Gabe von Plantago ovata Samenschalen hat sich bewährt. Bei Stenosen ist eine ballaststoffarme Kost notwendig. Zucker und Margarine sowie andere gehärtete Fette und natürlich Zusatzstoffe sind wahrscheinlich nicht die alleinigen Auslöser von CED. Aber sie wirken sich auch nicht positiv und im Falle der Zusatzstoffe sogar ausgesprochen negativ aus. Sie sollten daher gemieden werden. Eine nicht stattgehabte Muttermilchernährung führt häufig zu CED. Viele Patienten leiden unter Nahrungsmittelunverträglichkeiten.

Chronisch entzündliche Darmerkrankungen

Morbus Crohn und Colitis ulcerosa gehören zu den chronisch entzündlichen Darmerkrankungen. Im Gegensatz zu akuten Erkrankungen handelt es sich um chronische, also lebenslang vorhandene, Erkrankungen. Der Morbus Crohn und die Colitis ulcerosa sind nicht heilbar. Spontanheilungen werden nur selten beschrieben und es kann sich in diesen Fällen auch um eine vorherige Fehldiagnose handeln.

Morbus Crohn (Enteritis regionalis)
Definition

Der Name Morbus Crohn kommt aus dem lateinischen Morbus (was soviel bedeutet wie Krankheit) und von Dr. Burrill Bernard Crohn[1], der das Krankheitsbild zum ersten Mal 1932 beschrieb.[2] Morbus Crohn ist eine **chronische entzündliche Erkrankung**, die alle Abschnitte des Verdauungstraktes von der Mundhöhle bis zum After befallen kann. Am häufigsten ist der Abschnitt zwischen Dünn- und Dickdarm betroffen. Die Erkrankung kann auch an zwei nicht zusammenhängenden Stellen auftreten. Es können alle Schichten der Darmwand betroffen sein. Der Krankheitsverlauf vollzieht sich in Schüben, wobei man von einer **akuten Phase** und einer **Remissionsphase** (= vorübergehendes Zurückgehen von Krankheitserscheinungen) spricht. Diese Phase wird auch als symptomfreies Intervall bezeichnet. Diesen gilt es durch eine ausgeklügelte Ernährungstherapie und Medikamente möglichst lange zu erhalten.

Ab etwa 1960 gab es einen starken Anstieg der vorher selten auftretenden Morbus Crohn Krankheit. Da sich nach dem 2. Weltkrieg die Ernährungsweise änderte, nimmt man an, dass das zusammen mit einer genetischen Veranlagung ein Grund für die Erkrankung sein könnte. Ab dieser Zeit hat sich aber auch die Ernährungsweise der Menschen immer in richtig Industrienahrung mit Zusatzstoffen (Farb-, Aroma- und Konserierungsstoffe) entwickelt. Zudem hat der Zuckergehalt zugenommen und der Ballaststoffgehalt abgenommen. Außerdem wurden immer mehr gehärtete Fette und Transfette zugeführt. Jährlich gibt es 2 bis 4 Neuerkrankungen pro 100.000 Einwohnern. Gehäuft erkranken Menschen zwischen 20 und 30 Jahren und um das 60. Lebensjahr. Morbus Crohn findet man vermehrt familiär, daneben aber auch doppelt so oft bei der weißen als bei der schwarzen Rasse. Männer und Frauen sind gleich häufig betroffen. In Deutschland liegt die Zahl der Betroffen laut Schätzungen bei 300.000.[3][4][5]

Ursachen

Die Ursachen sind **unklar**. Möglicherweise kommen folgende Faktoren in Betracht:

- Hoher Zuckerkonsum
- Niedrige Nahrungsfaseraufnahme
- Zusatzstoffe
- Transfettsäuren
- Carrageen
- Antikörper gegen Bäckerhefe (saccharomyces cerevisiae) finden sich häufig bei Morbus Crohn Erkrankten
- Genetische Veranlagung
- Störungen der Immunabwehr
- Veränderung der Darmflora – Mangel an Probiotika

[1] http://www.astrazeneca.no/images/medica/ga_99041_burrill.jpg
[2] http://de.wikipedia.org/wiki/Morbus_Crohn
[3] http://www.m-ww.de/krankheiten/innere_krankheiten/morbus_crohn.html
[4] Kasper, 2004, S. 159
[5] http://www.hdm-stuttgart.de/~jk10/colitis/colitisulcerosa.html

- Mangelernährungszustände
- Menschen, die im Säuglingsalter nicht gestillt wurden. Durch die Muttermilch erfolgt eine optimale Darmbesiedlung mit Bifidobakterien.[6]

Symptome[7]

Symptome sind immer wieder kehrende **Durchfälle**, häufig mit **Bauchschmerzen, Fieber** und **Gewichtsverlust.** Im weiteren Krankheitsverlauf kommt es oft zu **Fisteln, Abszessen** (= Eiteransammlungen in nicht vorgebildeten Gewebshöhlen) und einem **Darmverschluss** (= Ileus). Letzteres kommt durch die Narbenbildung oder eine entzündliche Schwellung zustande.[8] Die Erkrankung wechselt zwischen symptomfreien Intervall und akutem Entzündungsschub. In Fällen des Darmverschlusses oder massiver Stenosen und anderer Hindernisse hilft eine Operation. Weitere Komplikationen sind schwere Darmblutungen, Darmdurchbruch (Perforation) und Konglomerattumoren (= Verkleben von entzündeten Darmschlingen). Morbus Crohn Patienten leiden oft an einer **Malnutrition**, die durch Appetitlosigkeit, einseitige Ernährung, Nahrungsmittelunverträglichkeiten, Erbrechen, Darmfisteln (= Verbindung zwischen dem Darmlumen und der Körperoberfläche oder anderen Hohlorganen oder zwischen zwei oder mehreren Darmschlingen[9]), verkleinerte Resorptionsfläche, starke Besiedlung des Dünndarms durch Bakterien, Verlust an Gallensäure und Medikamente entstehen kann. Colitis Patienten leiden seltener unter ausgeprägtem Untergewicht, da am Ort der Entzündung keine energieliefernden Stoffe (Kohlenhydrate, Eiweiße und Fette) mehr aufgenommen werden. Dafür leiden sie durch starke Blutverluste oftmals unter deutlichem Eisenmangel. Bei allen Patienten ist der Bedarf an Energie (Kalorien), Eiweiß (Proteinen) sowie bestimmte Vitamine und Mineralstoffe erhöht. Durch eine Malnutrition bei Kindern und Jugendlichen kann es zu einem verringerten Längenwachstum sowie zu einer später eintretenden Pubertät kommen. Hier helfen vor allem eine enterale oder parenterale Ernährung, um genügend Energie und Nährstoffe zuzuführen.[10] Morbus Crohn Erkrankte leiden auch häufig unter einem **Fettstuhl** (Steatorrhö), das heißt Fett kann nicht richtig resorbiert werden und wird mit dem Stuhl ausgeschieden. Ein Mangel an fettlöslichen Vitaminen kann auftreten. Abhilfe kann die Aufnahme der leichter verdaulichen MCT-Fette schaffen.[11]

Symptome	Häufigkeit
Bauchschmerzen	90 %
Durchfälle	90 %
Gewichtsabnahme	60-75 %
Fieber	33-70 %
Perianale Abszesse und Fisteln	15 %
Subileus (Störung der Darmpassage)	20-35 %

Tabelle: Symptome bei Morbus Crohn und deren Häufigkeit[12]

Häufig tritt bei Morbus Crohn Erkrankten ein Vitamin B_{12}, Folsäuremangel und ein Zinkmangel auf.[13]

[6] Biesalski, 2004, S. 354
[7] Pschyrembel, 1997, S. 430
[8] http://www.m-ww.de/krankheiten/innere_krankheiten/morbus_crohn.html?page=2
[9] Pschyrembel, 1997, S. 320
[10] Biesalski, 2004 S. 355
[11] http://www.ernaehrung.de/tipps/morbuscrohn/morbus11.htm
[12] Pschyrembel, 1997, S. 430
[13] Biesalski, 2004, S. 355/356

Diagnose
Mit Hilfe von Darmspiegelung, Röntgen, Ultraschall und Laboruntersuchungen (von Blut, Stuhl und Urin) wird die Diagnose erstellt.[14] Durch Endoskopie und Biopsie werden Lokalisation und Schweregrad der Erkrankung festgestellt. Histologisch erkennt man eptitheloidzellige, nicht verkäsende Granulome mit Riesenzellen.[15]

Therapie
Als Therapie gibt es die Möglichkeiten der parenteralen Ernährung oder der Formeldiät. Bei bis zu 70 Prozent der Erkrankten erfolgt dadurch eine Besserung. Außerdem kann Morbus Crohn mit entzündungshemmenden Medikamenten, beispielsweise mit Corticosteroiden, behandelt werden, um die Entzündungen zu lindern und die Remissionsphase zu verlängern. Leider treten bei langer Anwendungsdauer Nebenwirkungen auf wie die Gefahr einer Osteoporose. Deswegen sollten Steroide nur im akuten Schub eingenommen werden.[16][17] Morbus Crohn ist nicht heilbar, die Rezidivrate ist hoch, das heißt die Krankheit kehrt immer wieder. Es lassen sich nur die Remissionsphasen verlängern.

Ernährungstherapie
Es gibt keine spezielle Kostform bei Morbus Crohn. In akuten Schüben oder vor Operationen wird **parenteral** ernährt. Eine **chemisch definierte Formeldiät** per Sonde wird nur in besonderen Fällen verabreicht. Die Rückfallsrate (= Remissionsrate) ist bei beiden Ernährungsformen gleich. Eine künstliche Ernährung wirkt sich nicht auf die Entzündung aus, ist aber gerade bei mangelernährten Patienten von Vorteil. Ansonsten kann der Patient eine **leichte Vollkost** zu sich nehmen. Bei Nahrungsmittelintoleranzen werden die Beschwerden verursachenden Lebensmittel weggelassen. Dazu zählen häufig Weizen, Milch und Milchprodukte, Hefe und Mais. Eine nahrungsfaserhaltige Kost wird im allgemeinen gut vertragen, ist aber nicht angebracht, wenn der Patient Stenosen (= Verengungen) am Darm aufweist. Dann können Nahrungsfasern im schlimmsten Fall zu einem Darmverschluss führen. Bei Fettstühlen ist meist eine fettarme eiweißreiche Kost hilfreich. Damit genügend Energie aufgenommen wird, kann das Fett teilweise durch die leichter verdaubaren **MCT-Fette** ausgetauscht werden. Morbus Crohn-Patienen leiden oft an Mangelzuständen – und die betreffen nicht nur das Gewicht.

Ernährungsdefizite bei Morbus Crohn (fettgedruckt = besonders häufig)

Gewichtsverlust	**65 bis 75 %**
Niedriger Albuminspiegel	25 bis 80 %
Eiweißverlust über den Magen-Darm-Trakt	**65 bis 80 %**
Negative Stickstoffbilanz (Eiweißmangel)	**55 bis 75 %**
Anämien (Blutarmut)	**60 bis 80 %**
Eisenmangel	35 bis 50 %
Folsäuremangel	**50 bis 65 %**
Vitamin B12-Mangel	35 bis 45 %
Kalziummangel	10 bis 20 %
Magnesiummangel	14 bis 35 %
Kaliummangel	5 bis 20 %
Zinkmangel	**40 bis 55 %**
Vitamin-C-Mangel	10 bis 30 %

---

[14] http://www.m-ww.de/krankheiten/innere_krankheiten/morbus_crohn.html
[15] Kasper, 2004, S. 159
[16] http://www.dccv.de/news/article577.html
[17] http://www.dccv.de/crohncolitis/grundlagen/erstinfo/medikamente.php

Vitamin-D-Mangel	**60 bis 80 %**
Vitamin-K-Mangel	10 bis 25 %

Geschwürige Dickdarmentzündung (Colitis ulcerosa)

Definition

Colitis ulcerosa (Colon = Darm, -itis = Entzündung, Ulcus = Geschwür) ist eine in Schüben verlaufende chronische Entzündung, die im Gegensatz zu Morbus Crohn nur den Dickdarm betrifft. Die Schleimhaut ist granuliert (= körnig zusammengeschrumpft) und **punktförmige Blutungen** sowie **Geschwürbildung (Ulzerationen)** sind zu erkennen.[18][19] Entweder ist der ganze Dickdarm betroffen oder nur einzelne Stellen. Das Rektum (Mastdarm) ist aber immer mit einbezogen und von dort breitet sich die Krankheit aus. Es ist lediglich die oberste Schicht der Schleimhaut befallen. Man unterscheidet zwei Formen der Kolitis: Die **fulminante Kolitis** geht mit einem hohen Sterblichkeitsrisiko einher. Sie ist durch sehr häufige Durchfälle, Dehydratation und Fieber gekennzeichnet. Es kann zu einem Kolondurchbruch (= Perforation) und zu einer Lähmung des Kolons kommen. Eine tiefe Geschwürbildung ist charakteristisch. Hier hilft eine operative Entnahme des Kolons. Bei der **chronisch-rezidivierenden Kolitis**, die weiter verbreitet ist, bewirken Medikamente, das Entzündungen an der Dickdarmwand größtenteils verheilen. Nach symptomlosen Zeitabschnitten kann diese Form wiederkehren. Die nicht heilbare und nicht ansteckende Colitis ulcerosa kann in jedem Alter erscheinen, meistens tritt sie aber zwischen dem 20. und 40. Lebensjahr auf.[20] Die Häufigkeit beträgt etwa 40 bis 80 Erkrankte pro 100.000 Einwohnern. Es gibt etwa 3 bis 7 Neuerkrankte pro Jahr und 100.000 Einwohnern.[21]

Ursachen

Wie bei Morbus Crohn ist die genaue Ursache **unklar**. Es gibt einige Faktoren, die möglicherweise in Betracht kommen:

- Genetische Prädisposition
- Zusatzstoffe
- Veränderungen der Darmflora
- Autoimmunreaktion
- Viren
- Bakterien
- Kommt familiär gehäuft vor[22]
- Colitits ulcerosa tritt in Bevölkerungen mit hoher Nahrungsfaseraufnahme seltener auf. Vor allem die wasserlöslichen Nahrungsfasern sowie die resistente Stärke werden von den Dickdarmbakterien zu kurzkettigen Fettsäuren abgebaut, die, besonders Butyrat, den Zellwänden Energie liefern. Bei Patienten mit Colitis ulcerosa ist der Prozess der Metabolisierung des Butyrat eingeschränkt. Damit können sie vermutlich einer bösartigen Schleimhautveränderung entgegenwirken. Dagegen wirken sich schwefelhaltige Aminosäuren ungünstig aus. Beim bakteriellen Abbau entstehen Sulfide, die die Schleimhaut schädigen können. Schwefelhaltige Aminosäuren kommen beispielsweise in Eiern, Milch, Käse und Nüssen vor.
- Säuglinge, die nicht gestillt wurden, haben ein erhöhtes Risiko an Colitis ulcerosa zu erkranken. Wahrscheinlich hat eine frühe Gabe von Kuhmilch eine Veränderung der

---

[18] Pschyrembel, 1997, S. 294
[19] http://www.gastroenterologe.de/patient/erkrankungen/darmtrakt/colitis_ulcerosa.html
[20] Kasper, 2004, S. 198/199
[21] http://de.wikipedia.org/wiki/Colitis_ulcerosa
[22] Pschyrembel, 1997, S. 294

Darmflora und die Bildung von Antikörpern gegen die Milchproteine und Bakterienantigene hervorgerufen.[23]

Symptome

Es kommt zu **schleimig-blutigen Durchfällen** und **schmerzhaftem häufigem Stuhlgang**. Durch den Verlust von Blut, Wasser und Mineralstoffen können, je nach Schweregrad, **Dehydratation, Gewichtsabnahme, Anämie** und **Fieber** auftreten. Besonders bei Kalzium, Magnesium, Eisen, Zink, Vitamin B_{12} und Folsäure kann ein Mangel entstehen. Eine weitere Komplikation ist das **toxische Megakolon**. Hierbei dehnt sich das Kolon aus und es entsteht die Gefahr eines Durchbruches. Man sollte auf Zeichen wie abdominelle Schmerzen, Aufblähung des Bauches, Fieber, hohe Stuhl- und Pulsfrequenz achten.[24] Bei langwierigem Verlauf von über 10 Jahren nimmt das **Risiko für Kolonkarzinome** zu.[25]

Diagnose

Zum einen lässt sich mit einem Kolon-Kontrasteinlauf der Dickdarm beim **Röntgen** erkennen. Außerdem können anhand einer **Darmspiegelung** Schleimhautproben entnommen und untersucht werden. Histologisch sind vermehrt Lymphozyten und Histeozyten und vermindert Becherzellen zu erkennen.[26] Ebenso sind **Ultraschalluntersuchungen** sowie **Stuhluntersuchungen** üblich. Letzteres dient dem Ausschluss von Darmentzündungen, die durch Erreger hervorgerufen werden.[27]

Therapie

Es können **entzündungshemmende Medikamente** verschrieben werden. In schweren Fällen kann eine Operation mit **Entfernung des Dickdarms** nötig sein, wobei anschließend ein künstlicher Darmausgang angelegt wird.[28]

Ernährungstherapie
- Ein vorübergehendes Abklingen (Remission) der Erkrankung kann durch **parenterale Ernährung** oder einer **Formeldiät** erreicht werden. Die enterale Ernährung sollte wegen der geringeren Nachteile bevorzugt werden (siehe Kapitel künstliche Ernährung). Danach sollte ein langsamer Kostaufbau mit zunächst Flüssigkost und flüssig breiiger Kost erfolgen.
- Bei anhaltendem Durchfall kann eine mit Eiweiß angereicherte **Schleimdiät** zusammen mit einer **Pektinkost** helfen. Ansonsten muss wieder auf eine Formeldiät umgestiegen werden. Für die Schleimdiät 1 bis 1,5 Liter Schleimsuppe in 6 bis 8 Portionen über den Tag verteilt aufnehmen. Der Schleim kann beispielweise mit Haferflocken, Reis oder Stärkemehlen mit einem Obstsaftzusatz oder mit einer Beigabe von Gemüsebrühe hergestellt werden. Bei der Pektinkost können beispielsweise 300 g rohe geriebene Äpfel oder 300 g rohe pürierte Bananen oder eine Möhrensuppe aus 250 g Möhren über den Tag verteilt verzehrt werden.[29]
- Bei Fettstühlen (Steatorrhoe) weniger Fett verzehren und dafür **MCT-Fette** aufnehmen sowie fettlösliche Vitamine substituieren.
- In leichten Fällen oder in der Remissionsphase ist eine **leichte Vollkost** als Dauerkost geeignet. Diese Kost sollte energie- und eiweißreich sein (> 1 g Eiweiß pro kg

---

[23] Kasper, 2004, S. 198
[24] http://www.dccv.de/faq/#1.2.3
[25] Pschyrembel, 1997, S. 294
[26] http://de.wikipedia.org/wiki/Colitis_ulcerosa
[27] http://www.m-ww.de/krankheiten/innere_krankheiten/colitis.html
[28] http://de.wikipedia.org/wiki/Colitis_ulcerosa
[29] Heepe, 2002, S. 209, 589, 599,600

Körpergewicht). Die zugeführte Menge an Nahrungsfasern hängt davon ab, wie viel man individuell verkraftet. Unverträgliche Nahrungsmittel sollten eliminiert werden.[30]

- Bei chronischen Blutungen sollte eine Eisensupplementation stattfinden.[31]
- Das Weglassen von **Milch und Milchprodukten** kann sich günstig auswirken. Einerseits besitzen viele Colitis ulcerosa - Erkrankte Antikörper gegen Milchproteine. Anderseits enthält Milch, wie oben erläutert, schwefelhaltige Aminosäuren. Außerdem können die Beschwerden vermindert werden, wenn einen Laktoseintoleranz vorliegt. Da Milch und Milchprodukte aber viel Kalzium liefern, muss auf eine alternative Quelle geachtet werden. Viel Kalzium weisen beispielsweise Grünkohl, Brokkoli und Fenchel auf. Es ist empfehlenswert, ergänzend ein Supplement einzunehmen.
- Die positiven Auswirkungen von **omega-3-Fettsäuren** und **γ-Linolensäure** auf Colitis ulcerosa und bei Morbus Crohn sind noch nicht belegt und Studien zeigen unterschiedliche Ergebnisse.[32]
- Vorteilhafte Effekte können auch mit **probiotischen Keimen** wie Bifidusbakterien, Laktobazillen und Streptokokken erreicht werden, da sie die Immunfunktion der Darmflora unterstützen.[33]
- Wenn ein **toxisches Megakolon** droht oder besteht, darf weder Festes noch Flüssiges oral zugeführt werden, sondern nur parenterale Ernährung.[34] Das gleiche gilt vor Operationen.

Colitis ulcerosa-Patienten sind zwar seltener extrem untergewichtig als Morbus Crohn-Patienten. Aber auch sie sind oft von Ernährungsdefiziten betroffen.

Ernährungsdefizite bei Colitis ulcerosa (fettgedruckt = besonders häufig)

Gewichtsverlust	20 bis 60 %
Niedriger Albuminspiegel	25 bis 50 %
Anämien (Blutarmut)	**60 %**
Eisenmangel	**80 %**
Folsäuremangel	30 bis 40 %
Vitamin B12-Mangel	5 %
Vitamin-D-Mangel	**35 %**

Neben der klassischen Ernährungstherapie, die bei Morbus Crohn und Colitis ulcerosa im symptomfreien Intervall und natürlich im akuten Entzündungsschub notwendig ist, machen aktuelle Untersuchungen eine Änderung der Ernährungsweise bei Betroffenen notwendig. Scheinbar wirken sich Zusatzstoffe sehr negativ aus und müssen gemieden werden.

---

[30] Heepe, 2002, S. 209
[31] Biesalski, 2004, S. 358
[32] Kasper, 2004, S. 199
[33] Kasper, 2004, S. 200
[34] Heepe, 2002, S. 374

Zusatzstoffe meiden lautet die Devise
Grundsätzlich sind Zusatzstoffe natürlich nicht ungesund oder gar gefährlich. Aber die
aktuellen Studien und besonders die Zwillingsstudie, die auch Anlass für dieses Buch gegeben
hat, macht deutlich, dass Menschen mit chronisch entzündlichen Darmerkrankungen bei
Zusatzstoffen – insbesondere Konservierungsstoffe, Farbstoffe oder Aromastoffe – vorsichtig
sein sollten. Die Studie erlaubt durchaus die Aussage, dass Menschen mit Morbus Crohn und
Colitits ulcerosa ganz darauf verzichten sollten. Sie sollten sich vielmehr natürlich ernähren
und Lebensmittel mit Zusatzstoffen strikt meiden. Soweit es irgend geht. Auch bei
Medikamenten und Nahrungsergänzungsmitteln sollten sie auf solche setzen, die keine
Zusatzstoffe enthalten.

Eine bahnbrechende Studie macht auf das Problem der Zusatzstoffe aufmerksam
In einer Zwillingsstudie, die unter der Leitung von Professor Dr. med. Raedler von der
Asklepios-Klinik Hamburg und er Universitätsklinik Kiel wurde den Ursachen der chronisch
entzündlichen Darmerkrankungen auf den Grund gegangen. Dabei wurden 194
Zwillingspaare untersucht, von denen einer der beiden unter einer chronisch entzündlichen
Darmerkrankung – also Morbus Crohn oder Colitis ulcerosa – leidet. Dabei wurden Zwillinge
aus Deutschland, Schweiz und Österreich in unterschiedlichen Altersstufen untersucht. Die
Ergebnisse der Studie haben national und international für Aufsehen gesorgt. Sie betreffen
auch und insbesondere die Ernährungsweise und aus ihr lassen sich Empfehlungen für die
Ernährungstherapie ableiten. Aber auch andere Ergebnisse sind interessant: Die Einnahme
von Antibiotika scheint ein Risikofaktor für die Entwicklung einer chronisch entzündlichen
Darmerkrankung zu sein. Und Antibiotika vernichten die Mikroorganismen der Darmflora.
Und damit sind wir schon wieder bei der Ernährungstherapie, denn diese sollte in jedem Falle
die Darmflora positiv beeinflussen. Die Studie zeigt, dass die Einnahme von Probiotika nach
dem Einsatz von Antibiotika wichtig wäre.

Aber auch die Essgewohnheiten haben einen wesentlichen Einfluss auf die Erkrankung. Bei
Fehlernährung sind akute Entzündungsschübe häufiger als bei einer Ernährungsweise, die
natürlich und der Erkrankung angepasst ist. Aber was macht dem Darm so zu schaffen.
Welche Nahrungsmittel und Speisen sind es? Dass das Erscheinen dieser Krankheit im letzten
Jahrhundert zusammenfällt mit der Tatsache, dass unser Immunsystem mit so vielen
Fremdsubstanzen konfrontiert wird, die neu synthetisiert worden sind und die es noch nicht
kennt, ist auffallend. Ein kausaler Zusammenhang zwischen diesen neuen Stoffen und der
chronisch entzündlichen Darmerkrankung drängt sich auf. Die chemische Industrie findet
täglich neue Substanzen, die auch in Lebensmitteln wirken können. Sie machen sie länger
haltbar oder schmackhafter. Aber sie sind nicht eine Wohltat für den Magen-Darm-Trakt. Nun
sind aber in den letzten 100 Jahren von der organischen Chemie über fünf Millionen
Substanzen neu synthetisiert worden, und davon - schrecklich - über 50.000 in unserer
Nahrung. Mit den neu synthetisierten Konservierungs-, Farb- und Geschmacksstoffen
kann unser Immunsystem scheinbar nicht immer adäquat umgehen. Wahrscheinlich trifft das
nur auf eine kleine Menschengruppe zu. Und diese erkrankt an Morbus Crohn oder Colitis
ulcerosa. Andererseits sind diese Menschen möglicherweise besonders empfindlich.
Konfrontiert mit diesen Substanzen zeigt unser Immunsystem bei einigen Menschen eine
Überreaktion, so dass eine Entzündung im Magen-Darm-Trakt entsteht. Welche
Konsequenzen hat der Zusammenhang zwischen synthetischen Stoffen und Lebensmitteln?
Die logische Folge aus diesen Beobachtungen ist es, möglichst wenige dieser künstlichen
Stoffe mit der Nahrung aufzunehmen.

Was heißt hier Zusatzstoffe

Lebensmittelzusatzstoffe oder kurz Zusatzstoffe sind Verbindungen, die die Struktur, den Geschmack, die Haltbarkeit oder die Farbe erhalten oder verändern. Lebensmittelzusatzstoffe bedürfen der Zulassung. Diese Zulassung kann nur erfolgen, wenn die gesundheitliche Unbedenklichkeit beweisen ist. Sie müssen grundsätzlich auf der Verpackung kenntlich gemacht werden und haben eine E-Nummer. Die Zwillingsstudie zeigt, dass bei chronischen entzündlichen Darmerkrankungen Zusatzstoffe gemieden werden sollten. Es gibt eine Vielzahl von Zusatzstoffen, die in verschiedene Gruppen eingeteilt werden:

Kürzel	Klassenname
A	konventionelle Fertigprodukte
B	Antioxidationsmittel (Antioxidans)
C	Backtriebmittel
D	Komplexbildner
E	Emulgator
F	Farbstoff – Lebensmittelfarben
Fe	Festigungsmittel
FS	Farbstabilisator
G	Geliermittel
GV	Geschmacksverstärker
K	Konservierungsmittel
M	Mehlbehandlungsmittel
Min	Mineralstoff
S	Säure, Säuerungsmittel
SR	Säureregulator
SM	Schaummittel
SV	Schaumverhüter
SS	Schmelzsalz
St	Stabilisator
Su	Süßungsmittel
TG	Treibgas, Schutzgas
Tr	Trägerstoff, Füllstoff, Trennmittel
Ü	Überzugsmittel
V	Verdickungsmittel
Vit	Vitaminwirksamer Stoff
W	Feuchthaltemittel

Je frischer desto besser
Frei von Zusatzstoffen sind in jedem Falle frische unverarbeitete Lebensmittel. Daher sollten Frischobst, frisches Gemüse und Kräuter, reine Gewürze wie Paprika, Pfeffer, Muskat usw. (also kein Würzmischungen, Würzsoßen und Co.), Milch, Naturjoghurt, Hüttenkäse ohne

Zutaten, Frischkäse (auch ohne Kräuter und andere Geschmackszutaten), frischer Fisch, frisches Fleisch (natürlich ohne Gewürze) Speisequark (natürlich ohne Kräuter und Co), Wasser und Mineralwasser (natürlich ohne Aromen und Geschmacksstoffe), Eier, Öle, einfacher Essig, Zucker oder Honig (wenn Sie das gut vertragen), Schwarztee und Kaffee (ohne Aromen und nach Verträglichkeit), Getreidekörner, Mehl, Stärke, Gries, Grütze, Haferflocken, Zwieback (ohne weitere Zutaten wie Schokolade), Brot (ohne Farb- und andere Zusatzstoffe), Kartoffeln (natürlich keine industriellen Pommes frites, Kartoffelbreipulver, Knödel und Ähnliches im Kochbeutel), Reis (natürlich nicht aus dem Kochbeutel, sondern natur), Nudeln (nach Verträglichkeit – gegebenenfalls ohne Ei) bevorzugen. Wenn Sie mich fragen, was ich machen würde, wenn ich einen Morbus Crohn oder eine Colitis ulcerosa hätte, dann würde ich sicher sagen: „Ich koche alles frisch selbst und bis 100 Prozent Selbstversorgen!". Natürlich würde ich mein Brot selbst backen. Denn einen Schub will ich ja nicht und ich will auch nicht operiert werden.

Wurst ist immer ein Problem, da viele Wurstwaren – auch vom Metzger – aus der Fabrik stammen. Gehen Sie zum Metzger Ihres Vertrauens und fragen Sie nach Wurstwaren ohne Zusatzstoffe (außer Nitritpökelsalz). Je weniger Zusatzstoffe Wurstwaren enthalten, desto besser. Viele Experten raten ganz von Wurstwaren ab und empfehlen ihren Patienten selbstgemachtes Hackfleisch (Hackbraten in Scheiben) oder selbstgekochten kalten Braten in Scheiben. Käse hat ebenfalls oftmals zusatzstoffehaltig. Die Rinde von Schnittkäse ist nie ohne Zusatzstoffe. Es geht immer um den optimalen Händler. Gehen Sie zu einer inhabergeführten Backerei. Hier gibt es Bäcker, die selbst ihre Zutaten kennen und nicht alles aus der Backmittelindustrie zusammenpampelt und den Namen Bäckermeister eigentlich nicht tragen dürften, denn sie sind Backchemiemeister. Und natürlich suchen Sie sich einen inhabergeführten Metzger, der wirklich noch selbst schlachtet und weiß, was in seine Wurst kommt. Der normale Supermarkt ist nicht immer optimal. Aber es geht natürlich auch dort. Aber Sie müssen bei jedem Lebensmittel auf die Verpackung und das Zutatenverzeichnis achten. Die Bäckereiketten in Supermärkten und auch oftmals die dortigen Fleischer liefern keine Naturprodukte sondern „Lebensmittel", die eher aus der Lebensmitttel-Chemie-Industrie stammen und ein Ausbund an Zusatzstoffen darstellen. Das ist nicht gut für Sie. Einen fertigen Kartoffel- oder Fleischsalat sollten Sie nicht essen. Aber den kann man auch problemlos selbst zubereiten. Und selbst wenn Sie jeden Tag eine Stunde länger in der Küche und beim Einkaufen verbringen. Ihre Gesundheit wird es Ihnen danken.

Achten Sie immer auf das Zutatenverzeichnis
Bei allen verarbeiteten Lebensmitteln müssen Sie sich immer das Zutatenverzeichnis ansehen. Bei sehr vielen Produkten sind Zusatzstoffe enthalten. Dabei ist es gleichgültig, wie große die enthaltene Menge ist. Meiden Sie solche Produkte am besten vollständig. Ihr Magen-Darm-Trakt wird es Ihnen danken. Oft ist das Zutatenverzeichnis kaum lesbar. Wenn es notwendig ist, können Sie zum Einkaufen eine Lupe mitnehmen. Im Anhang dieses Büchleins finden Sie ein Verzeichnis aller zugelassenen Zusatzstoffe mit dem chemischen Namen der Gruppe (wie beispielsweise Konservierungsstoffe) und der E-Nummer. Das E steht für Europa und essbar. Das trifft leider auf Sie nicht zu, denn durch Ihren Crohn oder Ihre Colitis reagieren Sie einfach anders. Achten Sie bitte auch bei Arzneimitteln und Nahrungsergänzungsmittel darauf, dass keine oder möglichst wenig Zusatzstoffe enthalten sind. Ihr Arzt und Ihr Apotheker beraten Sie gerne. Auf jedem verarbeiteten Lebensmittel sind die Zutaten angegeben. Und beim Bäcker, Metzger oder in der Imbißbude gibt es entsprechende Verzeichnisse. Aber vor Fast Food sollten Sie sich ohnehin hüten. Für mich heißt Fast Food nicht „schnell Nahrung", sondern vielmehr „fast Nahrung – also minderwertige Nahrung voll von Zusatzstoffen, Transfettsäuren, Zucker, Salz aber arm an Ballaststoffen, sekundären

Pflanzenstoffe, Vitaminen und Mineralstoffen". Gesunde Speisen sehen anders aus und schmecken auch anders.

Das **Zutatenverzeichnis** informiert Sie über die Zutaten, die bei der Herstellung des Lebensmittels verwendet werden. Dabei gilt die einfache Regel: Was zuerst steht, wird am meisten verwendet, nimmt also den größten Gewichtsanteil ein. Alle weiteren Zutaten folgen in absteigender Menge. Aber wenn Zusatzstoffe enthalten sind, heißt das für Sie: Finger weg! Aber daneben muss natürlich noch viel mehr auf der Verpackung stehen. Auch die Nährwertangaben müssen vorhanden sein.

http://www.bll.de/download/lebensmittelklarheit-bedeutet-kennzeichnung-verstehen/lebensmittelverpackungen-was-drauf-steht-ist-auch-drin.html/muesliverpackung-neu.pdf

Carrageen immer meiden!
Der Lebensmittelzusatzstoff Carrageen (E 407) erzeugt im Tierversuch Veränderungen an der Schleimhaut von Ratten. Beim Menschen konnte dies bisher nicht bestätigt werden. Aufgrund der Beobachtung beim Tier sollten Patienten mit chronisch entzündlichen Darmerkrankungen diesen Zusatzstoff, der beispielsweise in Fertigkakao, Bisquits, Desserts, Pudding, Eiskreme, Sahnespray oder Salatsoßen enthalten sein kann, meiden. Enterale Ernährung, die Carrageen enthält, tragen den Hinweis, dass sie bei CED nicht geeignet sind. Carrageen ist ein Stabilisator, der beispielsweise bei Fertigkakao die Kakaoteilchen in Schwebe hält, sodass sie nicht zu Boden sinken. Carrageen wird aus Algen gewonnen. Vorsichtshalber sollten Patienten mit CED alle carrageenhaltigen Produkte meiden. Carrageen ist auf der Zutatenliste von Lebensmitteln als Carrageen oder E 407 angegeben.

Fisch ist optimal für Sie!
Die Meerestiere sind einfach optimal für Menschen mit chronisch entzündlichen Darmerkrankungen. Sie sollten sich aber sicher sein, dass Sie nicht unter Fischeiweiß-Allergie oder einer Unverträglichkeit gegenüber Fisch oder Meeresfrüchten leiden. Mit Meerestieren sind übrigens weder Fischstäbchen oder Schlemmerfilet, noch in irgendwelche Teige getauchte tiefgefrorene Shrimps oder ähnliches gemeint, sondern vielmehr ganze Fisch oder Fischfilets naturell. Also ohne Soßen, Marinaden oder Gewürze. Nur wenn Sie keinen Fisch vertragen, sollten Sie regelmäßig – durchaus 2 bis 3 mal wöchentlich – Fisch verzehren. Warum das so ist, fragen Sie sch jetzt. Eingelegte- der eingesalzene Fische wie Matjes, geräucherte Fische oder ähnliches sind nicht nur wegen der Histaminproblematik oft mit negativen Auswirkungen belastet. Das gilt auch wiedererwärmte Fische. Immer wieder gibt es Hinweise darauf, dass Menschen mit chronisch entzündlichen Darmerkrankungen unter einer Histamin-Intoleranz oder Histamin-Überempfindlichkeit leiden. Ein frisches Filetfilet kann dieses Problem nicht hervorrufen. In einem hochwertigen Pflanzenöl wie beispielsweise Rapsöl – aus dem Reformhaus oder Bioladen in einer Dunkelglasflasche oder Dose nur wenige Wochen gelagert und dann verbraucht – ist optimal zum kurzen anbraten geeignet. Gewürzt wird es mit etwas Salz, Pfeffer aus der Mühle und frischen Kräutern. Würzmittel oder Gewürzmischungen haben in Ihrer Küche nichts mehr verloren. Beim Zitronensaft sollten sie auch vorsichtig sein, denn Zitronen werden wie andere Zitrusfrüchte oftmals schlecht vertragen. In jedem Falle sollten Sie ungespritzt sein und nicht übermäßig verwendet werden. Und leckerer frische Dill, der fachgehackt wird, ist getrocknetem oder tiefgefrorenem in jedem Falle überlegen.

Joghurt ist ein Quell des Lebens!

Joghurt ist ähnlich wie andere Milchprodukte theoretisch optimal für Menschen, die unter chronisch entzündlichen Darmerkrankungen leiden. Aber es muss ein aber deutlich geschrieben werden, denn einerseits haben viele Colitis-Patienten eine Milcheiweißunverträglichkeit und andererseits leiden Crohn-Patienten nicht nur während des Entzündungsschubes oft eine Milchzuckerunverträglichkeit (Laktoseintoleranz). Aber Milchprodukte enthalten hochwertiges Eiweiß und liefern das Kalzium, das optimal für die Knochengesundheit ist. Zudem haben Menschen mit chronisch entzündlichen Darmerkrankungen, die mit Cortison-Präparaten behandelt werden, einen erhöhten Kalziumbedarf und sind gefährdet frühzeitig unter Osteoporose zu leiden.

Viele Faktoren spielen eine Rolle bei der Entstehung der chronisch entzündlichen Darmerkrankungen. Eine große Bedeutung haben die Bakterien, die unseren Dam als sogenannte Darmflora besiedeln. Der Magen-Darm-Trakt ist von einer unvorstellbar großen Anzahl von Mikroorganismen besiedelt und beträgt rund 100 Billionen Bakterien (100.000.000.000.000). Die meisten davon sind Bakterien, die mit anderen Kleinstlebewesen die Darmflora bilden. Die höchste Konzentration findet sich im Dickdarm. Diese Darmflora ist jedoch nicht etwa schädlich, sondern außerordentlich wichtig und gesundheitsförderlich. Die größte Oberfläche des menschlichen Organismus ist nicht etwa die Haut, sondern die Oberfläche des Magen-Darm-Traktes, die mit rund 200 Quadratmeters ungefähr so groß ist, wie ein Tennisfeld. Sofort nach der Geburt werden alle Körperoberflächen des Neugeborenen, natürlich auch der Magen-Darm-Trakt, mit Bakterien und anderen Kleinstlebewesen besiedelt. Die Bakterien bilden dort eine Lebensgemeinschaft, innerhalb derer sich die verschiedenen Arten im Gleichgewicht befinden. Krankmachende Bakterien können dieses Gleichgewicht stören, gesundheitsförderliche Bakterien tragen dazu bei, es zu erhalten. Die Schleimhaut des Magen-Darm-Traktes muss den Organismus vor dem Eindringen von schädigenden Substanzen schützen. Die Darmflora ist keine leblose Masse, sondern lebendig. Die Darmflora ist wichtig für eine gute Abwehrsituation des Körpers und sie ist ein wichtiger Bestandteil des Immunsystems. Die Darmflora ist aber auch wichtig für die Ernährung des Dickdarms, denn die Darmflora lebt von Ballaststoffen, die wir nicht verdauen können. Die Mikroorganismen aber können Ballaststoffe verwerten und als Stoffwechselendprodukt fallen unter anderem kurzkettige Fettsäuren an, die die Darmschleimhaut als Substrat nutzen kann. Spezielle Ballaststoffe, die auch die Darmflora ernähren werden als Präbiotika bezeichnet. Sehr viele Studien weisen dem Ballaststoffe Oligofructose positive Wirkungen zu. Aber auch Plantago ovata Samenschalen und Guar haben solche Wirkungen.

Bei der Entstehung von Morbus Crohn und Colitis ulcerosa spielt auch das Immunsystem eine wichtige Rolle. Das ist ja auch der Grund, warum Zusatzstoffe sich so negativ auswirken. Die stärksten entzündlichen Veränderungen finden sich bei Morbus Crohn und Colitis ulcerosa an Orten mit hoher Konzentration krankmachender Keime (pathogene Mikroorganismen). Dabei scheint die natürliche Toleranz des Darmimmunsystems gegenüber den normalen Darmmikroorganismen verlorengegangen zu sein. Überschießende Immunreaktionen, die sich unter anderem auch gegen das eigene Darmgewebe richten, sind die Folge. Verschiedene Studien kommen zum Ergebnis, dass Veränderungen der Darmflora an der Entstehung der Erkrankungen ursächlich beteiligt sind. Die chronisch entzündlichen Darmerkrankungen betreffen hauptsächlich den Dickdarm. Hier ist die höchste Bakterienkonzentration, denn der Stuhl besteht zu rund 50 Prozent aus Bakterien. Bestimmte Mikroorganismen befinden sich bei Morbus Crohn und Colitis ulcerosa vermehrt im Darm. Bestimmte krankmachende Keime werden bei Menschen, die unter chronisch entzündlichen Darmerkrankungen häufiger gefunden, als bei Gesunden. Die bei CED veränderte Darmflora produziert außerdem weniger Substrat für die Zellen der Darmschleimhaut. In Studien zeigte sich, dass die Zufuhr von bestimmten Mikroorganismen als Arzneimittel die Darmflora verbessert und ein erfolgreicher

Therapieansatz bei chronisch entzündlichen Darmerkrankungen darstellt. Ein solcher spezieller gesundheitsförderlicher Bakterienstamm wurde vom Freiburger Hygieniker Prof. Dr. med. Alfred Nissle entdeckt. Escherichia-coli-Bakterien des von Professor Nissle entdeckten Stammes (E. coli Stamm Nissle 1917) haben die Fähigkeit, andere, krankmachende Mikroorganismen abzuwehren. Sie können sich an der Darmschleimhaut anhaften und über längere Zeit ansiedeln. Sie schützen den Körper vor krankmachenden Eindringlingen und bilden die für die Ernährung der Darmschleimhautzellen und die Durchblutung der Darmwand so wichtige kurzkettige Karbonsäure. Nicht zuletzt haben die probiotischen (pro = für, bios = das Leben) E. coli Bakterien eine anregende Wirkung auf bestimmte Zellen des Immunsystems und machen dadurch abwehrstark. Bereits 1918 berichtete Prof. Dr. med. Nissle erstmals über die erfolgreiche Anwendung bei einer Patientin mit Colitis ulcerosa. In aktuellen Studien zeigte sich, dass die Therapie mit dem E.-coli-Stamm Nissle 1917 der Therapie mit Mesalazin in der Wirksamkeit gleichwertig ist. Viel sinnvoller ist es jedoch, die Probiotika in Form von Arzneimitteln zusätzlich zur medikamentösen Therapie einzunehmen und den Effekt noch zu verbessern. Patienten, die die medikamentöse Therapie nicht vertragen, haben mit E.-coli-Stamm Nissle 1917 eine Alternative in der Therapie. Die probiotischen Bakterien können dazu beitragen, dass es bei Colitis ulcerosa und Morbus Crohn häufigere, längere Phasen eines beschwerdefreien oder beschwerdearmen Lebens gibt. Die Behandlung mit Escherichia-coli-Stamm Nissle 1917 ist bei Colitis ulcerosa und Morbus Crohn gut verträglich. Diese Probiotika sollten im akuten Entzündungsschub als auch im symptomfreien Intervall Therapiebestandteil sein.

Probiotika bei Milchunverträglichkeit jeder Form
Auch wenn Probiotika bei chronisch entzündlichen Darmerkrankungen in jedem Falle und das ist durch eine Vielzahl von Studien nachgewiesen, ein Bestandteil der Therapie sein sollten, ergibt sich daraus oftmals ein Problem. Probiotika können inzwischen auch vom Arzt verordnet werden und sie werden dementsprechend auch von den Krankenkassen erstattet. Aber einige Produkte und Präparate enthalten Milchzucker (Laktose) – wenn auch nur in Spuren. Leider enthalten sie aber nicht nur möglicherweise Laktose, sondern auch Zusatzstoffe oder Hilfsstoffe. Milchprodukte mit Probiotika sind bei Milchzuckerunverträglichkeit völlig ungeeignet. Und Probiotika-Präparate, die der Arzt verordnet müssen frei von Zusatzstoffen sein. Aber wie können dann Patienten noch von den nachgewiesenen Effekten von Probiotika profitieren? Die Probiotika müssen frei von Milchzucker und Zusatzstoffen sein. Dafür stehen Präparate aus der Apotheke zur Verfügung, die davon frei sind und auch Lebensmittel. Dazu gehört der Brottrunk. Dieser wird aus einem speziellen Vollkornbrot vergoren und liefert neben probiotischen Milchsäurebakterien (Laktobazillen) auch eine Vielzahl von Mikronährstoffen (Vitamine und Mineralstoffe): Oder Sie setzen einen Kefirpilz mit Wasser und nicht mit Milch an. Auch Kefirpilze haben eine probiotische Wirkung. Im Bioladen gibt es entsprechende Starterkulturen. In jedem Falle sollten alle Patienten mit chronisch entzündlichen Darmerkrankungen auf den Effekt von Probiotika setzen.

Entspannung entspannt auch den Darm
Aber neben der Ernährungstherapie und der medikamentösen Therapie spielt natürlich auch die Entspannung eine große Rolle. Der Abbau von Stress hat bei vielen Menschen und insbesondere bei Patienten, die unter chronischen entzündlichen Darmerkrankungen leiden, eine große Bedeutung. Sicher löst Stress die Erkrankung nicht aus. Aber Stress hat vielfältige Einflüsse auf Prozesse in unserem Organismus und wenn das auch von der Schulmedizin oftmals nicht anerkannt wird, ist das sehr bedauerlich. Demgegenüber weisen auch heute noch Mediziner darauf hin, dass viele Patienten mit Morbus Crohn oder Colitis ulcerosa eine Psychotherapie benötigen. Wichtig ist diesbezüglich, dass diese in der Therapie eine große

Rolle spielt, denn die Erkrankungen sind belastend für Körper, Geist und auch die Seele. Neben der Psychotherapie sollte aber auch die Entspannungstherapie eine Rolle im Behandlungskonzept spielen. Menschen, die unter chronischen Erkrankungen leiden, sollten eine Entspannungstechnik wie Autogenes Training erlernen und täglich durchführen. Meine Ehefrau hat in Ihrer Praxis damit beste Erfahrungen gemacht. Die Grundlagen der Entspannung habe ich mit ihr im Buch „Entspannung – so genießen Sie jeden Tag" zusammengefasst. Die Krankenkassen helfen bei der Suche nach entsprechenden Kursen und ersetzen auch die Kosten zum größten Teil.

Qualifizierte Ernährungsberatung ist Mangelware

Es ist schon kompliziert genug, einen guten Arzt zu finden. Das haben mir meine Patienten immer wieder gesagt. Ein gutes Krankenhaus sowieso und eine Ambulanz ist oftmals überhaupt nicht verfügbar. Am besten ausgestattet mit Spezialisten sind in der Regel die Universitätsklinika und die großen Krankenhäuser, die einen Morbus-Crohn- und Colitis ulcerosa Schwerpunkt nachweisen können. Aber nehmen der ärztlichen Therapie ist natürlich auch die Ernährungstherapie von besonderer Wichtigkeit. Während meiner Tätigkeit an der Medizinischen Klinik III der RWTH Aachen in der Abteilung von Professor Dr. Siegfried Matern habe ich jeden Tag Patienten mit chronisch entzündlichen Darmerkrankungen beraten, betreut und geschult. Natürlich war ich auch für die Ernährungstherapie verantwortlich und habe auch an Studien mitgewirkt. Im Laufe der Jahre hat sich ein Ernährungsschwerpunkt herauskristallisiert, der auch dazu geführt hat, dass ich immer wieder an Artikeln und Büchern der Deutschen Morbus Crohn und Colitis ulcerosa Vereinigung (DCCV), die ich sehr schätze, mitwirken konnte. Noch heute bekomme ich oft Anfragen von Patienten mit chronisch entzündlichen Darmerkrankungen. In jedem Falle ist eine qualifizierte Diät- und Ernährungsberatung wichtig. Das trifft für die Klinik zu. Hier muss die Ernährungstherapie im akuten Entzündungsschub auf die Bedürfnisse des Patienten abgestimmt sein. Auch müssen natürlich Mangelzustände ausgeglichen werden, die Körperzusammensetzung bestimmt werden und eine ausführliche Schulung stattfinden. Aber auch für den symptomfreien

Weitere Tipps und Tricks

Um eine natürliche Ernährungsweise wirklich immer durchhalten zu können und damit die Lebensqualität beim Vorliegen einer chronisch entzündlichen Darmerkrankung möglichst optimal zu haben, ist es wichtig, das Leben an die Notwendigkeiten anzupassen. Was ist beispielsweise zu beachten, wenn Sie ins Restaurant gehen möchten?

Richtig Essen gehen

Ein Fast-Food-Tempel ist sicher – nicht nur nach den Erkenntnissen der Zwillingsstudie – nicht optimal, wenn man unter Morbus Crohn oder Colitis ulcerosa leidet. Hier gibt es in der Regel Lebensmittel, die Weißmehlprodukte im Übermaß enthalten, reich an Zucker sind und auch nicht gerade auf unverarbeitete Fette setzen. Denken Sie nur an Pommes frites und das Öl oder Fett in dem sie frittiert werden. Das ist oftmals ein Bad in Transfettsäuren und gesättigten Fettsäuren. Zudem sind die Frittierfette meist ein Produkt der chemischen Industrie. Das kann sich auf Ihre chronisch entzündeten Darmabschnitte nicht positiv auswirken. Und die Süßigkeiten enthalten eben nicht einfach nur viel Zucker, sondern auch gehärtete Fette (denken Sie nur an die Schokoglasur auf Donuts). Aber auch die Getränke sind Industrieprodukte und da wäre die oft gelobte Bionade noch das Natürlichste. Cola-Getränke, Limonaden oder Fruchtsaftgetränke haben mit natürlich reinem Wasser nicht wirklich viel zu tun. Aber auch im Fast-Food-Tempel gibt es natürliches Mineralwasser in Flaschen. Aber nur ein Mineralwasser trinken. Und es sollte übrigens möglichst „still" sein, denn die Kohlensäure in den anderen Mineralwasser-Verkaufsformen wirkt sich in der Regel nicht positiv auf den

Magen-Darm-Trakt aus. Auch die Sorte, die mit „medium" gekennzeichnet ist, enthält noch zu viel Kohlendioxid. Zurück zur Natur muß auch bei den Getränken die Devise lauten. In vielen Getränken

Einkaufen: Ist der Biomarkt immer perfekt?

Aber wo sollten Sie nun einkaufen? Optimal wäre der eigene Garten. Aber das ist nun wirklich nicht immer zu realisieren. Tiefgefrorene Produkte haben den Vorteil der absoluten Frische und viele Produkte sind frei von Zusatzstoffen und sonstigen Zutaten. Und sie halten sich lange und lassen sich optimal portionieren. Industrielle Nahrung ist in der Regel nicht frei von Zusatzstoffen. Aber auch der Biomarkt ist natürlich kein Hort von gesunden Lebensmitteln. Auch eine Tütenbiosuppe kann Substanzen enthalten, die Ihnen nicht gut tun. Kaufen Sie möglichst reine frische Lebensmittel aus kontrolliert ökologischem Anbau. Und solche Produkte bekommen Sie heute auch schon im Supermarkt und natürlich auch preiswert bei Lidl, Aldi und Co. Auch im Reformhaus erhalten Sie hochwertige Lebensmittel und zusätzlich auch noch eine ausführliche Beratung. Das kostet natürlich ein wenig mehr – aber das sollten Ihnen die Lebensmittel auch Wert ein. Den nachfolgenden Bioverbänden können Sie vertrauen. Es gibt daneben eine Reihe von „Fake-Bioprodukten", die nicht besser sind als Produkte aus herkömmlichem Anbau aber doppelt so teuer. Lassen Sie sich nicht aufs Glatteis führen.

Übersicht über die in Deutschland zugelassenen Bioverbände

Name	Gründungsjahr	Beschreibung	Logo
Biokreis	1979	Schwerpunkt Süddeutschland	
Bioland	1971	Verband für organisch-biologischen Anbau	
Biopark	1991	Fleisch produzierende Betriebe, Schwerpunkt nordöstliche Bundesländer	
Demeter	1928	Einziger Verband für biologisch-dynamischen Anbau, weltweit tätig	
Ecoland	1996	Regionaler Schwerpunkt Hohenlohe	
Ecovin	1985	Verband ökologischer Winzer	
Gäa	1989	Schwerpunkt östliche Bundesländer	

Übersicht über die in Deutschland zugelassenen Bioverbände

Name	Gründungsjahr	Beschreibung	Logo
Naturland	1982	Eine der weltweit größten Zertifizierungsorganisationen für Ökoprodukte	

Alternativen zu frischen Lebensmitteln

Nicht immer können alle Lebensmittel frisch sein. In der Regel ist gegen reine Lebensmittel aus der Tiefkühltruhe nichts einzuwenden. Sie sind oft sogar besser verdaulich. Auch reine Gemüse aus der Dose sind für Sie gut geeignet. Bei Obst ist der oftmals hohe Zuckergehalt ein Problem. Im Optimalfall kaufen Sie bei einem Hofladen oder auf dem Markt ein. Hier setzen Sie auf Produkte aus kontrolliert ökologischem Anbau.

Die richtigen Medikamente und Nahrungsergänzungsmittel

Aber die Meidung von Zusatzstoffen und anderen Künstlichkeiten hört natürlich nicht in der Küche und auf dem Teller auf. Auch in der Apotheke oder der Drogerie gilt es vorsichtig zu sein. Gerade Arzneimittel haben oft Zusatzstoffe. Das gleiche gilt für Nahrungsergänzungsmittel, die viele Patienten in Absprache mit dem Arzt und Diätassistenten einnehmen, um Mangelerscheinungen vorzubeugen oder diese entsprechend auszugleichen. Auch Nahrungsergänzungsmittel sollten frei von Zusatzstoffen – das können beispielsweise Farbstoffe, Stabilisatoren oder ähnliches sein – sein. Es ist empfehlenswert, Nahrungsergänzungsmittel oder auch Vitamin- und Mineralstoffpräparate in der Apotheke zu erwerben, da hier das Fachpersonal bezüglich dieser Problematik im Vergleich zur Drogerie angesprochen werden kann. Natürlich sind solche Präparate im Lebensmittelhandel oder in der Drogerie preiswerter. Aber sind sie auch genauso gut und vor allem ist es wichtig, ob Sie hier eine Beratung erhalten können. Bei nachgewiesenen Mangelzuständen sind Vitamine und Mineralstoffe übrigens verschreibungsfähig. Die Kosten werden also von der Krankenkassen übernommen. Auch bei Ihrer Crohn- oder Colitis-Medikamention sollten Sie skeptisch nachfragen. Sind die Präparate mit oder ohne Zusatzstoffe? Besprechen Sie das mit Ihrem Arzt und beachten Sie Seite xy in diesem Buch, die sich diesem Thema näher widmet.

Gewürze können helfen

Bei CED können scharfe Gewürze, wie Pfeffer, Chili und Curry Beschwerden auslösen, da sie zu einer Irritation der Darm-Schleimhaut führen können. Gelangen scharfe Gewürze, auch als Reizstoffe bezeichnet, in den Darm, reagiert dieser, es kommt zu einer beschleunigten Passage des Darminhaltes Die Verarbeitung der Nährstoffe im Dickdarm führt zu Beschwerden. Durch die dortige bakterielle Fermentation entstehen Gase, die den Darm aufblähen und ein Völlegefühl verursachen, welches sich schmerzhaft über das Abdomen ausweiten kann. Es gibt aber auch Gewürze und Küchenkräuter, die die Funktion des Darmes beruhigen und günstig beeinflussen.

Gewürze und Kräuter	*Wirkung*
• Kümmel	• gegen Blähungen und Krämpfe
• Anis	• gegen Blähungen
• Fenchel	• gegen Blähungen
• Nelkenwurz	• regt die Drüsen im Magen-Darm-Trakt an und gegen Krämpfe
• Lorbeer	• regt die Peristaltik an
• Wacholder	• regt die Peristaltik an
• Knoblauch	• gegen Blähungen und Gärungsprozesse im Darm
• Estragon	• regt die Peristaltik an
• Dill	• mildert Blähungen und Krämpfe
• Basilikum	• mildert Blähungen und Krämpfe
• Zitronenmelisse	• krampf- und flatulenzmindernd
• Liebstöckl	• krampf- und flatulenzmindernd

Verträgliche und unverträgliche Lebensmittel
Viele Lebensmittel werden von Menschen, die unter CED leiden nicht vertragen. Leider gibt es dafür keine grundsätzlichen Aussagen, da es bei jedem Patienten anders ist. Mit einem Ernährungs- und Beschwerdeprotokoll können die schlecht verträglichen Lebensmittel leicht identifiziert werden. In Krankenhäusern werden Patienten mit Erkrankungen Problemen wie Morbus Crohn oder Colitis ulcerosa mit einer so genannten leichten Vollkost ernährt. Dabei werden Lebensmittel, die oft nicht vertragen werden, gemieden. Dazu gehören:

Lebensmittel, die oftmals schlecht vertragen werden:

Hülsenfrüchte (getrocknete Erbsen, Bohnen, Linsen)	30,1 Prozent
Rohe Gurken, Gurkensalat	28,6 Prozent
Frittierte Speisen (z. B. Pommes frites oder Berliner)	22,4 Prozent
Weißkohl, Krautsalat	20,2 Prozent
Kohlensäurehaltige Getränke (Cola, Limonaden und Mineralwasser außer stille Mineralwässer)	20,1 Prozent
Grünkohl/Braunkohl	18,1 Prozent
Alle fettreichen Speisen	17,2 Prozent
Paprika (roh und gekocht)	16,8 Prozent
Sauerkraut	15,8 Prozent
Rotkohl/Rotkraut	15,8 Prozent
Süße Backwaren (z. B. Apfeltaschen)	15,8 Prozent

Fette Backwaren (nahezu alle Backwaren außer Hefeteig) 15,8 Prozent
Zwiebeln, Schalotten, Schnittlauch und Knoblauch
(auch Granulat und Essenz)   15,8 Prozent
Wirsing   15,6 Prozent
Hartgekochte Eier (weichgekochte werden in der Regel
gut vertragen)   14,7 Prozent
Frisches Brot (Brot immer ein bis zwei Tage vor dem
ersten Verzehr ablagern)   13,6 Prozent
Bohnenkaffee (wenig Reizstoffarmer Kaffee wird in der
Regel mit gut vertragen)   12,5 Prozent
Kohlsalate (alle rohen Kohlsorten)   12,1 Prozent
Mayonnaise und mayonnaisehaltige Dressings/Soßen   11,8 Prozent
Kartoffelsalat   11,4 Prozent
Geräuchertes (Fisch, Wurst, Schinken und Käse)   10,7 Prozent
Eisbein   9,0 Prozent
Stark gewürzte Speisen (besser mild mit fluoridiertem Jodsalz salzen, leicht kräutern und
wenig scharfe Ge
würze verwenden)   7,7 Prozent
Süßigkeiten (auch Diabetikersüßigkeiten) mit reichlich
Zucker und/oder Fett (Schokolade u. s. w.)   7,6 Prozent
Weißwein   7,6 Prozent
Stein- und Kernobst in roher Form (Apfel, Pfirsich, Kirschen
oder Pflaumen)   7,3 Prozent
Nüsse   7,1 Prozent
Sahne   6,8 Prozent
Paniert gebratenes (Schnitzel u. s. w.)   6,8 Prozent
Pilze   6,1 Prozent
Rotwein   6,1 Prozent
Lauch/Porree   5,9 Prozent
Spirituosen (Rum, Wodka, Schnaps u. s. w.)   5,8 Prozent
Rohe   Birnen   5,6 Prozent

Brot wird in Regel wie auch Milchprodukte, Kartoffeln, Tee, Honig, Käse,
Marmelade/Konfitüre sowie Butter gut vertragen. Obst sollte anfangs gedünstet verzehrt
werden. Salate sollten aus gekochten, leicht verträglichem Gemüse bestehen. Gut verträglich
sind in der Regel:

> Brot (alle Sorten mindestens 1 Tag abgelagert), Zwieback und Knäckebrot und
  Brötchen
> Reis, Nudeln, Kartoffeln in gekochter Form
> Gemüse (außer oben genannte) insbesondere in gekochter Form
> Obst (außer oben genannte) insbesondere in gekochter Form
> Fisch, Geflügel und Fisch (fettarm zubereitet)
> Käse bis 30 Prozent Fett in der Trockenmasse
> Magere Wurst (außer oben genannte)
> Wasser, stilles Mineralwasser, reizarmer Kaffee, Tee und Obstsäfte
> Wenig Butter oder Margarine
> Öle
> Konfitüre, Honig und Sirup
> Wenig Kräuter (außer oben genannte)
> Wenig milde Gewürze

> Wenig fluoridiertes Jodsalz
> Gekochtes und Gedünstetes
> Fettarme Milch und Milchprodukte

In jedem Falle sollten Sie genau austesten, was Sie vertragen können und was nicht. Dafür sollten Sie täglich ein Tagebuch führen. Darin vermerken Sie genau, was Sie wann in welcher Menge gegessen haben. Zudem notieren Sie natürlich auch Ihre Beschwerden und Ihr Stuhlverhalten. Innerhalb weniger Tage können Sie Lebensmittel und Speisen identifizieren, die bei Ihnen Beschwerden auslösen. Diese sollten Sie dann für einige Wochen strikt meiden. Dann können Sie es erneut ausprobieren. In jedem Falle völlig meiden sollten Sie Lebensmittel, die Zusatzstoffe enthalten.

Liste der Zusatzstoffe
Liste Lebensmittelzusatzstoffe und E-Nummern

E-Nummern	Bezeichnung	Hauptfunktion
E 100	Kurkumin	Farbstoff
E 101	i) Riboflavin ii) Riboflavin-5'-Phosphat	Farbstoff
E 102	Tartrazin	Farbstoff
E 104	Chinolingelb	Farbstoff
E 110	Gelborange S	Farbstoff
E 120	Echtes Karmin	Farbstoff
E 122	Azorubin	Farbstoff
E 123	Amaranth	Farbstoff
E 124	Cochenillerot A	Farbstoff
E 127	Erythrosin	Farbstoff
E 129	Allurarot AC	Farbstoff
E 131	Patentblau V	Farbstoff
E 132	Indigotin I	Farbstoff
E 133	Brillantblau FCF	Farbstoff
E 140	i) Chlorophylle ii)Chlorophylline	Farbstoff
E 141	i) kupferhaltige Komplexe der Chlorophylle ii) kupferhaltige Komplexe der Chlorophylline	Farbstoff
E 142	Grün S	Farbstoff
E 150 a	Einfaches Zuckerkulör	Farbstoff
E 150 b	Sulfitlaugen-Zuckerkulör	Farbstoff
E 150 c	Ammoniak Zuckerkulör	Farbstoff
E 150 d	Ammonsulfit-Zuckerkulör	Farbstoff
E 151	Brillantschwarz BN	Farbstoff
E 153	Pflanzenkohle	Farbstoff
E 154	Braun FK	Farbstoff
E 155	Braun HT	Farbstoff
E 160 a	Carotine i) gemischte Carotine ii) Beta-Carotin	Farbstoff
E 160 b	Annatto; Bixin; Norbixin	Farbstoff
E 160 c	Paprikaextrakt; Capsanthin; Capsorubin	Farbstoff
E 160 d	Lycopin	Farbstoff

E 160 e	Beta-apo-8'-Carotinal (C 30)	Farbstoff
E 160 f	Beta-apo-8'-Carotinsäure-Etyhlester (C 30)	Farbstoff
E 161 b	Lutein	Farbstoff
E 161 g	Canthaxanthin	Farbstoff
E 162	Beetenrot	Farbstoff
E 163	Anthocyane	Farbstoff
E 170	Calciumcarbonat	Farbstoff
E 171	Titandioxid	Farbstoff
E 172	Eisenoxide und Eisenhydroxide	Farbstoff
E 173	Aluminium	Farbstoff
E 174	Silber	Farbstoff
E 175	Gold	Farbstoff
E 180	Litholrubin BK	Farbstoff
E 200	Sorbinsäure	Konservierungsstoff
E 202	Kaliumsorbat	Konservierungsstoff
E 203	Calciumsorbat	Konservierungsstoff
E 210	Benzoesäure	Konservierungsstoff
E 211	Natriumbenzoat	Konservierungsstoff
E 212	Kaliumbenzoat	Konservierungsstoff
E 213	Calciumbenzoat	Konservierungsstoff
E 214	Ethyl-p-hydroxybenzoat	Konservierungsstoff
E 215	Natriumethyl-p-hydroxybenzoat	Konservierungsstoff
E 218	Methyl-p-hydroxybenzoat	Konservierungsstoff
E 219	Natriummethyl-p-hydroxybenzoat	Konservierungsstoff
E 220	Schwefeldioxid	Konservierungsstoff
E 221	Natriumsulfit	Konservierungsstoff
E 222	Natriumhydrogensulfit	Konservierungsstoff
E 223	Natriummetabisulfit	Konservierungsstoff
E 224	Kaliummetabisulfit	Konservierungsstoff
E 226	Calciumsulfit	Konservierungsstoff
E 227	Calciumbisulfit	Konservierungsstoff
E 228	Kaliumbisulfit	Konservierungsstoff
E 234	Nisin	Konservierungsstoff
E 235	Natamycin	Konservierungsstoff
E 239	Hexamethylentetramin	Konservierungsstoff
E 242	Dimethyldicarbonat	Konservierungsstoff
E 249	Kaliumnitrit	Konservierungsstoff
E 250	Natriumnitrit	Konservierungsstoff, Antioxidationsmittel

E 251	Natriumnitrat	Konservierungsstoff, Antioxidationsmittel
E 252	Kaliumnitrat	Konservierungsstoff, Antioxidationsmittel
E 260	Essigsäure	Säuerungsmittel, Säureregulator
E 261	Kaliumacetat	Säuerungsmittel, Säureregulator
E 262	Natriumacetate i) Natriumacetat ii) Natriumdiacetat	Säuerungsmittel, Säureregulator
E 263	Calciumacetat	Säuerungsmittel, Säureregulator
E 270	Milchsäure	Säuerungsmittel
E 280	Propionsäure	Konservierungsstoff
E 281	Natriumpropionat	Konservierungsstoff
E 282	Calciumpropionat	Konservierungsstoff
E 283	Kaliumpropionat	Konservierungsstoff
E 284	Borsäure	Konservierungsstoff
E 285	Natriumtetraborat (Borax)	Konservierungsstoff
E 290	Kohlendioxid	Treibgas
E 296	Äpfelsäure	Säuerungsmittel
E 297	Fumarsäure	Säuerungsmittel
E 300	Ascorbinsäure	Antioxidationsmittel, Mehlbehandlungsmittel
E 301	Natriumascorbat	Antioxidationsmittel, Mehlbehandlungsmittel
E 302	Calciumascorbat	Antioxidationsmittel, Mehlbehandlungsmittel
E 304	Fettsäureester der Ascorbinsäure i) Ascorbylpalmitat ii) Ascorbylstearat	Antioxidationsmittel
E 306	Stark tocopherolhaltige Extrakte	Antioxidationsmittel
E 307	Alpha-Tocopherol	Antioxidationsmittel
E 308	Gamma-Tocopherol	Antioxidationsmittel
E 309	Delta-Tocopherol	Antioxidationsmittel
E 310	Propylgallat	Antioxidationsmittel
E 311	Octylgallat	Antioxidationsmittel
E 312	Dodecylgallat	Antioxidationsmittel
E 315	Isoascorbinsäure	Antioxidationsmittel
E 316	Natriumisoascorbat	Antioxidationsmittel

E 319	Tertiär-Butylhydrochinon (TBHQ)	Antioxidationsmittel
E 320	Butylhydroxianisol (BHA)	Antioxidationsmittel
E 321	Butylhydroxytoluol (BHT)	Antioxidationsmittel
E 322	Lecithine	Emulgator
E 325	Natriumlactat	Säureregulator
E 326	Kaliumlactat	Säureregulator
E 327	Calciumlactat	Säureregulator
E 330	Citronensäure	Säuerungsmittel, Säureregulator
E 331	Natriumcitrate i) Monoatriumcitrat ii) Dinatriumcitrat iii) Trinatriumcitrat	Säuerungsmittel, Säureregulator
E 332	Kaliumcitrate i) Monokaliumcitrat ii) Trikaliumcitrat	Säuerungsmittel, Säureregulator
E 333	Calciumcitrate i) Monocalciumcitrat ii) Dicalciumcitrat iii) Tricalciumcitrat	Säuerungsmittel, Säureregulator
E 334	L(+)-Weinsäure	Säuerungsmittel, Säureregulator
E 335	Natriumtartrate i) Mononatriumtartrat ii) Dinatriumtartrat	Säuerungsmittel, Säureregulator
E 336	Kaliumtartrate i) Monokaliumtartrat ii) Dikaliumtartrat	Säuerungsmittel, Säureregulator
E 337	Kaliumnatriumtartrat	Säuerungsmittel, Säureregulator
E 338	Phosphorsäure	Säuerungsmittel, Schmelzsalz
E 339	Natriumphosphate i) Mononatriumphosphat ii) Dinatriumphosphat iii) Trinatriumphosphat	Säuerungsmittel, Schmelzsalz
E 340	Kaliumphosphate i) Monokaliumphosphat ii) Dikaliumphosphat iii) Trikaliumphosphat	Säuerungsmittel, Schmelzsalz
E 341	Calciumphosphate i) Monocalciumphosphat ii) Dicalciumphosphat iii) Tricalciumphosphat	Säuerungsmittel, Schmelzsalz
E 343	Magnesiumphosphate	Säureregulator

	i) Monomagnesiumphosphat ii) Dimagnesiumphosphat	
E 350	Natriummalate i) Natriummalat ii) Natriumhydrogenmalat	Säureregulator
E 351	Kaliummalat	Säureregulator
E 352	Calciummalate i) Calciummalat ii) Calciumhydrogenmalat	Säureregulator
E 353	Metaweinsäure	Stabilisator
E 354	Calciumtartrat	Säureregulator, Festigungsmittel
E 355	Adipinsäure	Säuerungsmittel, Säureregulator
E 356	Natriumadipat	Säuerungsmittel, Säureregulator
E 357	Kaliumadipat	Säuerungsmittel, Säureregulator
E 363	Bernsteinsäure	Säuerungsmittel
E 380	Triammoniumcitrat	Säureregulator
E 385	Calciumdinatriumethylendiamintetraacetat	Antioxidationsmittel, Stabilisator
E 400	Alginsäure	Verdickungsmittel
E 401	Natriumalginat	Verdickungsmittel
E 402	Kaliumalginat	Verdickungsmittel
E 403	Ammoniumalginat	Verdickungsmittel
E 404	Calciumalginat	Verdickungsmittel
E 405	Propylenglycolalginat	Verdickungsmittel
E 406	Agar-Agar	Geliermittel
E 407	Carrageen	Geliermittel
E 407a	Verarbeitete Eucheuma-Algen	Geliermittel
E 410	Johannisbrotkernmehl	Verdickungsmittel
E 412	Guarkernmehl	Verdickungsmittel
E 413	Traganth	Geliermittel
E 414	Gummi arabicum	Verdickungsmittel
E 415	Xanthan	Verdickungsmittel
E 416	Karaya	Verdickungsmittel
E 417	Tarakernmehl	Verdickungsmittel
E 418	Gellan	Geliermittel
E 420	Sorbit i) Sorbit	Süßungsmittel, Feuchthaltemittel

	ii) Sorbitsirup	
E 421	Mannit	Süßungsmittel
E 422	Glycerin	Feuchthaltemittel
E 425	Konjak i) Konjakgummi ii) Konjak-Glukomannan	Verdickungsmittel
E 426	Sojabohnen-Polyose	Verdickungsmittel, Emulgator
E 431	Polyoxyethylen-(40)-stearat	Emulgator
E 432	Polyoxyethylen-sorbitan-monolaurat (Polysorbat 20)	Emulgator
E 433	Polyoxyethylen-sorbitan-monooleat (Polysorbat 80)	Emulgator
E 434	Polyoxyethylen-sorbitan-monopalmitat (Polysorbat 40)	Emulgator
E 435	Polyoxyethylen-sorbitan-monostearat (Polysorbat 60)	Emulgator
E 436	Polyoxyethylen-sorbitan-tristearat (Polysorbat 65)	Emulgator
E 440	Pektine i) Pektin ii) Amidiertes Pektin	Geliermittel
E 442	Ammoniumsalze von Phosphatidsäuren	Emulgator
E 444	Saccharoseacetatisobutyrat	Stabilisator
E 445	Glycerinester aus Wurzelharz	Stabilisator
E 450	Diphosphate i) Dinatriumdiphosphat ii) Trinatriumdiphosphat iii) Tetranatriumdiphosphat v) Tetrakaliumdiphosphat vi) Dicalciumdiphosphat vii) Calciumdihydrogendiphosphat	Antioxidationsmittel, Backtriebmittel, Schmelzsalz
E 451	Triphosphate Pentanatriumtriphosphat Pentakaliumtriphosphat	Antioxidationsmittel, Backtriebmittel, Schmelzsalz
E 452	Polyphosphate i) Natriumpolyphosphat ii) Kaliumpolyphosphat iii) Natriumcalciumpolyphosphat iv) Calciumpolyphosphat	Antioxidationsmittel, Backtriebmittel, Schmelzsalz
E 459	Beta-Cyclodextrin	Füllstoff
E 460	Cellulose i) Mikrokristalline Cellulose ii) Cellulosepulver	Füllstoff, Verdickungsmittel

E 461	Methylcellulose	Füllstoff, Verdickungsmittel
E 462	Ethylcellulose	Füllstoff, Verdickungsmittel
E 463	Hydroxypropylcellulose	Füllstoff, Verdickungsmittel
E 464	Hydroxypropylmethylcellulose	Füllstoff, Verdickungsmittel
E 465	Ethylmethylcellulose	Füllstoff, Verdickungsmittel
E 466	Carboxymethylcellulose Natriumcarboxymethylcellulose	Füllstoff, Verdickungsmittel
E 468	Vernetzte Natriumcarboxymethylcellulose	Füllstoff, Verdickungsmittel
E 469	Enzymatisch hydrolysierte Carboxymethylcellulose	Füllstoff, Verdickungsmittel
E 470 a	Natrium-, Kalium- und Calciumsalze von Speisefettsäuren	Emulgator, Trennmittel
E 470 b	Magnesiumsalze von Speisefettsäuren	Emulgator, Trennmittel
E 471	Mono- und Diglyceride von Speisefettsäuren	Emulgator, Schaumverhüter
E 472 a	Essigsäureester von Mono- und Diglyceriden von Speisefettsäuren	Emulgator
E 472 b	Milchsäureester von Mono- und Diglyceriden von Speisefettsäuren	Emulgator
E 472 c	Citronensäureester von Mono- und Diglyceriden von Speisefettsäuren	Emulgator
E 472 d	Weinsäureester von Mono- und Diglyceriden von Speisefettsäuren	Emulgator
E 472 e	Mono- und Diacetylweinsäureester von Mono- und Diglyceriden von Speisefettsäuren	Emulgator
E 472 f	Gemischte Wein- und Essigsäureester von Mono- und Diglyceriden von Speisefettsäuren	Emulgator
E 473	Zuckerester von Speisefettsäuren	Emulgator
E 474	Zuckerglyceride	Emulgator
E 475	Polyglycerinester von Speisefettsäuren	Emulgator
E 476	Polyglycerin-Polyricinoleat	Emulgator
E 477	Propylenglycolester von Speisefettsäuren	Emulgator
E 479 b	Thermooxidiertes Sojaöl mit Mono- und Diglyceriden von Speisefettsäuren	Emulgator, Trennmittel
E 481	Natriumstearoyl-2-lactylat	Emulgator
E 482	Calciumstearoyl-2-lactylat	Emulgator
E 483	Stearyltartrat	Emulgator
E 491	Sorbitanmonostearat	Emulgator
E 492	Sorbitantristearat	Emulgator
E 493	Sorbitanmonolaurat	Emulgator
E 494	Sorbitanmonooleat	Emulgator
E 495	Sorbitanmonopalmitat	Emulgator

E 500	Natriumcarbonate i) Natriumcarbonat ii) Natriumhydrogenarbonat iii) Natriumsesquicarbonat	Säureregulator, Backtriebmittel
E 501	Kaliumcarbonate i) Kaliumcarbonat ii) Kaliumhydrogencarbonat	Säureregulator, Backtriebmittel
E 503	Ammoniumcarbonate i) Ammoniumcarbonat ii) Ammoniumhydrogencarbonat	Säureregulator, Backtriebmittel
E 504	Magnesiumcarbonate i) Magnesiumcarbonat ii) Magnesiumhydroxidcarbonat Magnesiumhydrogencarbonat	Säureregulator, Backtriebmittel
E 507	Salzsäure, Chlorwasserstoffsäure	Säuerungsmittel, Gschmacksverstärker
E 508	Kaliumchlorid	Säuerungsmittel, Gschmacksverstärker
E 509	Calciumchlorid	Säuerungsmittel, Gschmacksverstärker
E 511	Magnesiumchlorid	Säuerungsmittel, Gschmacksverstärker
E 512	Zinn-II-chlorid	Antioxidationsmittel, Stabilisator
E 513	Schwefelsäure	Säuerungsmittel, Säureregulator, Festigungsmittel
E 514	Natriumsulfate i) Natriumsulfat ii) Natriumhydrogensulfat	Säuerungsmittel, Säureregulator, Festigungsmittel
E 515	Kaliumsulfate i) Kaliumsulfat ii) Kaliumhydrogensulfat	Säuerungsmittel, Säureregulator, Festigungsmittel
E 516	Calciumsulfat	Säuerungsmittel, Säureregulator, Festigungsmittel
E 517	Ammoniumsulfat	Säuerungsmittel, Säureregulator, Festigungsmittel
E 520	Aluminiumsulfat	Säuerungsmittel, Säureregulator, Festigungsmittel
E 521	Aluminiumnatriumsulfat	Säuerungsmittel, Säureregulator, Festigungsmittel
E 522	Aluminiumkaliumsulfat	Säuerungsmittel,

E-Nummer	Name	Funktion
		Säureregulator, Festigungsmittel
E 523	Aluminiumammoniumsulfat	Säuerungsmittel, Säureregulator, Festigungsmittel
E 524	Natriumhydroxid	Säureregulator
E 525	Kaliumhydroxid	Säureregulator
E 526	Calciumhydroxid	Säureregulator
E 527	Ammoniumhydroxid	Säureregulator
E 528	Magnesiumhydroxid	Säureregulator
E 529	Calciumoxid	Säureregulator
E 530	Magnesiumoxid	Säureregulator
E 535	Natriumferrocyanid	Stabilisator, Trennmittel
E 536	Kaliumferrocyanid	Stabilisator, Trennmittel
E 538	Calciumferrocyanid	Stabilisator, Trennmittel
E 541	Saures Natriumaluminiumphosphat	Backtriebmittel
E 551	Siliciumdioxid	Trennmittel
E 552	Calciumsilicat	Trennmittel
E 553a	i)Magnesiumsilicat ii) Magnesiumtrisilicat	Trennmittel
E 553b	Talkum	Trennmittel
E 554	Natriumaluminiumsilicat	Trennmittel
E 555	Kaliumaluminiumsilicat	Trennmittel
E 556	Calciumaluminiumsilicat	Trennmittel
E 558	Bentonit	Trennmittel
E 559	Aluminiumsilicat (Kaolin)	Trennmittel
E 570	Fettsäuren	Emulgator
E 574	Gluconsäure	Säureregulator
E 575	Glucono-delta-lacton	Säureregulator
E 576	Natriumgluconat	Säureregulator, Stabilisator
E 577	Kaliumgluconat	Säureregulator, Stabilisator
E 578	Calciumgluconat	Säureregulator, Stabilisator
E 579	Eisen-II-gluconat	Säureregulator, Stabilisator
E 585	Eisen-II-lactat	Stabilisator
E 586	4-Hexylresorcin	Antioxidationsmittel
E 620	Glutaminsäure	Geschmacksverstärker
E 621	Mononatriumglutamat	Geschmacksverstärker
E 622	Monokaliumglutamat	Geschmacksverstärker
E 623	Calciumdiglutamat	Geschmacksverstärker
E 624	Monoammoniumglutamat	Geschmacksverstärker

E 625	Magnesiumdiglutamat	Geschmacksverstärker
E 626	Guanylsäure	Geschmacksverstärker
E 627	Dinatriumguanylat	Geschmacksverstärker
E 628	Dikaliumguanylat	Geschmacksverstärker
E 629	Calciumguanylat	Geschmacksverstärker
E 630	Inosinsäure	Geschmacksverstärker
E 631	Dinatriuminosinat	Geschmacksverstärker
E 632	Dikaliuminosinat	Geschmacksverstärker
E 633	Calciuminosinat	Geschmacksverstärker
E 634	Calcium-5'-ribonucleotid	Geschmacksverstärker
E 635	Dinatrium-5'-ribonucleotid	Geschmacksverstärker
E 640	Glycin und dessen Natriumsalz	Geschmacksverstärker
E 650	Zinkacetat	Stabilisator
E 900	Dimethylpolysiloxan	Schaumverhüter
E 901	Bienenwachs weiß und gelb	Überzugsmittel, Trennmittel
E 902	Candelillawachs	Überzugsmittel, Trennmittel
E 903	Carnaubawachs	Überzugsmittel, Trennmittel
E 904	Schellack	Überzugsmittel, Trennmittel
E 905	Mikrokristallines Wachs	Überzugsmittel, Trennmittel
E 907	Hydriertes Poly-1-decen	Überzugsmittel
E 912	Montansäureester	Überzugsmittel, Trennmittel
E 914	Polyethylenwachs-oxidate	Überzugsmittel, Trennmittel
E 920	L-Cystein	Mehlbehandlungsmittel
E 927 b	Carbamid	Stabilisator
E 938	Argon	Treibgas
E 939	Helium	Treibgas
E 941	Stickstoff	Treibgas
E 942	Distickstoffmonoxid	Treibgas
E 943a	Butan	Treibgas
E 943b	Isobutan	Treibgas
E 944	Propan	Treibgas
E 948	Sauerstoff	Treibgas
E 949	Wasserstoff	Treibgas
E 950	Acesulfam-K	Süßungsmittel, Geschmacksverstärker
E 951	Aspartam	Süßungsmittel, Geschmacksverstärker
E 952	Cyclohexansulfamidsäure und ihre Na- und Ca-Salze i) Cyclohexansulfamidsäure	Süßungsmittel

	ii) Natriumcyclamat iii) Calciumcyclamat	
E 953	Isomalt	Süßungsmittel
E 954	Saccharin und seine Na-, K- und Ca-Salze i) Saccharin ii) Saccharin-Natrium iii) Saccharin-Calcium iv) Saccharin-Kalium	Süßungsmittel
E 955	Sucralose	Süßungsmittel
E 957	Thaumatin	Süßungsmittel, Geschmacksverstärker
E 959	Neohesperidin DC	Süßungsmittel
E 962	Aspartam-Acesulfamsalz	Süßungsmittel
E 965	Maltit i) Maltit ii) Maltitsirup	Süßungsmittel
E 966	Lactit	Süßungsmittel
E 967	Xylit	Süßungsmittel
E 968	Erythrit	Süßungsmittel
E 999	Quillajaextrakt	Stabilisator
E 1103	Invertase	Feuchthaltemittel
E 1105	Lysozym	Konservierungsmittel
E 1200	Polydextrose	Füllstoff
E 1201	Polyvinylpyrrolidon	Stabilisator
E 1202	Polyvinylpolypyrrolidon	Stabilisator
E 1204	Pullulan	Überzugsmittel, Verdickungsmittel
E 1404	Oxidierte Stärke	Modifizierte Stärke, Verdickungsmittel
E 1410	Monostärkephosphat	Modifizierte Stärke, Verdickungsmittel
E 1412	Distärkephosphat	Modifizierte Stärke, Verdickungsmittel
E 1413	Phosphatiertes Distärkephosphat	Modifizierte Stärke, Verdickungsmittel
E 1414	Acetyliertes Distärkephosphat	Modifizierte Stärke, Verdickungsmittel
E 1420	Acetylierte Stärke	Modifizierte Stärke, Verdickungsmittel
E 1422	Acetyliertes Distärkeadipat	Modifizierte Stärke, Verdickungsmittel
E 1440	Hydroxypropylstärke	Modifizierte Stärke, Verdickungsmittel

E 1442	Hydroxypropyldistärkephosphat	Modifizierte Stärke, Verdickungsmittel
E 1450	Stärkenatriumoctenylsuccinat	Modifizierte Stärke, Verdickungsmittel
E 1451	Acetylierte oxidierte Stärke	Modifizierte Stärke, Verdickungsmittel
E 1452	Stärkealuminiumoctenylsuccinat	Modifizierte Stärke, Verdickungsmittel
E 1505	Triethylcitrat	Trägerlösungsmittel
E 1517	Glycerindiacetat	Trägerlösungsmittel
E 1518	Glycerintriacetat	Trägerlösungsmittel
E 1519	Benzylalkohol	Trägerlösungsmittel
E 1520	1,2-Propandiol (Propylenglycol)	Trägerlösungsmittel

Quelle: Bundes für Lebensmittelrecht und Lebensmittelkunde e.V.

Literaturempfehlungen:

Ernährungsratgeber Morbus Crohn und Colitis ulcerosa
Christiane Weißenberger und Sven-David Müller
Schlütersche Verlagsgesellschaft mbH, Hannover
2. völlig überarbeitete und erweiterte Auflage

Das Kalorien-Nährwert-Lexikon
Sven-David Müller
Schlütersche Verlagsgesellschaft mbH, Hannover
2. Auflage

Ernährungsratgeber Magen und Darm
Christiane Weißenberger und Sven-David Müller
Schlütersche Verlagsgesellschaft mbH, Hannover
1. Auflage

Zink positiv
Dr. Mathias Schmidt, Susanne Sonntag und Sven-David Müller
Knaur Verlag, München
1. Auflage

Ernährungsratgeber Laktoseintoleranz
Christiane Weißenberger und Sven-David Müller
Schlütersche Verlagsgesellschaft mbH, Hannover
2. Auflage

Ernährungsratgeber Fruchtzuckerunverträglichkeit
Sven-David Müller
Schlütersche Verlagsgesellschaft mbH, Hannover
1. Auflage

Entspannung – so genießen Sie jeden Tag
Almut Carlitscheck und Sven-David Müller
Schlütersche Verlagsgesellschaft mbH, Hannover
1. Auflage

Wichtige Adressen und Linktipps

Deutsches Institut für Ernährungsforschung Potsdam-Rehbrücke (DIFE)
Status: Stiftung öffentlichen Rechts
Arthur-Scheunert-Allee 114 bis 116
14558 Nuthetal
Telefon: 033-200880
Telefax: 033-20088444
Internet: http://www.dife.de
E-Mail: info@dife.de

Deutsches Kompetenzzentrum Gesundheitsförderung und Diätetik e.V.
c/o: Diplom-Pädagogin Almut Müller
Haddamshäuser Weg 4a
35096 Weimar an der Lahn
www.dkgd.de

Deutsche Gesellschaft zur Bekämpfung der Krankheiten von Magen,
Darm und Leber sowie von Störungen des Stoffwechsels und der Ernährung
(Gastro-Liga) e. V.
Friedrich-List-Straße 13
D-35398 Gießen
Telefon: ++49 (0) 641/9 74 81-0
Telefax: ++49 (0) 641/9 74 81-18
email: **geschaeftsstelle@gastro-liga.de**

www.dge.de – Deutsche Gesellschaft für Ernährung (DGE) e.V.
www.aid.de – Infodienst für Ernährung, Landwirtschaft und Verbraucherschutz e.V.
www.medikamente-per-klick.de – Versandapotheke
www.vdd.de – Verband der Diätassistenten – Deutscher Bundesverband (VDD) e.V.
www.vdoe.de – Verband der Ernährungswissenschaftler (VDoe) e.V.
www.svendavidmueller.de – Internetseite von Sven-David Müller, Diät- und
Ernährungsberatung – viele Links zu wichtigen Organisationen im Ernährungsbereich
www.bdem.de – Berufsverband der Ernährungsmediziner
www.dgem.de – Deutsche Gesellschaft für Ernährungsmedizin

Autor:
Sven-David Müller, MSc.
Master of Science in Applied Nutritional Medicine (Angewandte Ernährungsmedizin),
staatlich anerkannter Diätassistent und Diabetesberater der Deutschen Diabetes Gesellschaft

Zentrum und Praxis für Ernährungskommunikation, Diätberatung und Gesundheitspublizistik
(ZEK)

Ostheimer Straße 27d
61130 Nidderau-Windecken bei Frankfurt am Main

www.svendavidmueller.de
info@svendavidmueller.de